動く植物
―その謎解き―

山村庄亮／長谷川宏司 編著

大学教育出版

口絵1　ダイコン芽生えの光屈性

　　　　ダイコン芽生えに左方向から青色光を与えると、葉で光を効率良く
　　　　捕捉できるように下胚軸が光方向に屈曲する。

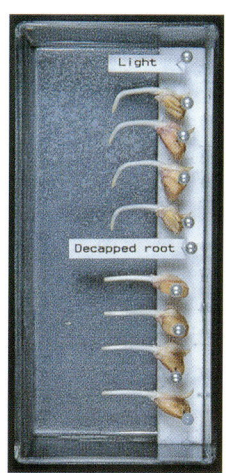

口絵2　トウモロコシ種子根の重力屈性

　　　　光照射した種子根に重力刺激を与え、4時間後に撮影。
　　　　上4個体：対照（無傷のもの）
　　　　下4個体：光照射前に根端1mmを切除したもの。

口絵3　キュウリの巻きひげの接触屈性

　　A：細い竹に触れてコイルしている巻きひげ
　　B：触れるものがなく、長く伸びた状態の巻きひげ

口絵4　マメ科植物の就眠運動

　　左：昼間ネムノキの葉が開いている状態。
　　右：夜間ネムノキの葉が閉じている状態。

口絵5　開きっぱなしのムラサキカタバミの花

　　左：対照（無処理では花が閉じる）
　　右：花が開くときにシクロヘキシミドを取り込ませると、
　　　　開きっぱなしになる。

口絵6　ハエトリグサの捕虫葉の特徴

　　A．二枚貝状である。B．中肋部分で縦方向に切ると、各片が単独に湾曲するようになる。C．中肋につなげて60°の角度で横方向に切ると、D．相対する1対の片のどれもが、先端の一方が閉合し、他方が半開した状態をとる。

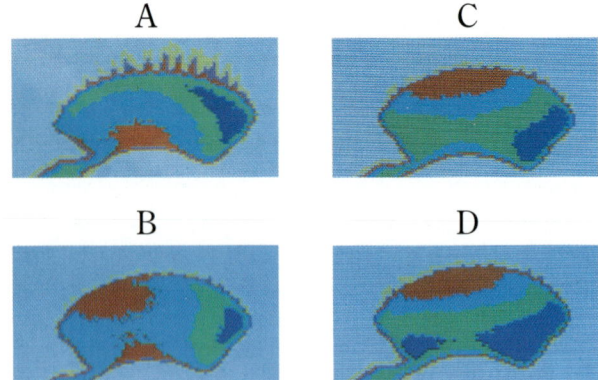

口絵7　ハエトリグサの捕虫葉下部における、閉合運動前後の葉温の平面的分布パターン画像の経時的変化

捕虫葉下部（外側）表面の温度分布が、低温から高温まで黒→青→緑→シアン→赤→紫→黄→白の順に色別されている。黒と白の温度差は2.8℃。A：物理的刺激前。B：閉合運動直後。C：閉合運動後1分経過。D：閉合運動後2分経過。

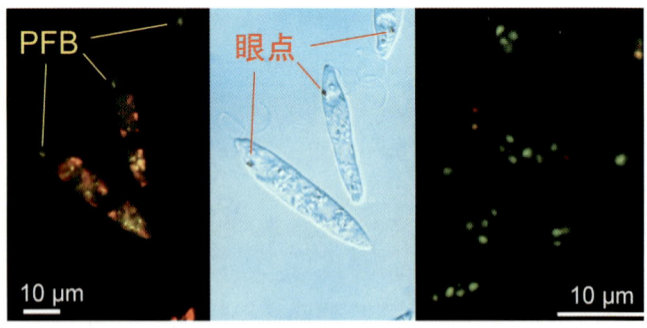

口絵8　ミドリムシの光感受部位

左：ミドリムシの蛍光顕微鏡像。鞭毛基部の膨らみ（PFB）が光感受部位で、緑色の自家蛍光を発する。中：明視野像。PFBの近傍にオレンジ色の顆粒（眼点）がみられるが、これは光感受部位ではない。右：単離されたPFB。緑色に光って見える一粒一粒がPFB。

はじめに

　植物の運動について歴史を遡ると「進化論」のダーウィン（C. Darwin）に行き着く。1859年、彼は「種の起源」（Origin of Species）を発表した。特に、生物学上、彼の最大の功績は、様々な生物が共通の祖先から枝分かれ的に進化したことを実証した点にある。現在では、ある特定のDNAやRNAのシークエンスを生物間で比較し、生物進化の系統樹が作られている。現代の生物学から見ると、ダーウィンの進化論には不十分な点や正しくない部分も指摘されているが、その評価はいささかも下がるものではない。彼が現代生物学の元祖と言われるゆえんである。

　ダーウィンと言えば「進化論」、「ビーグル号航海記」、「ガラパゴス島」などで世代や生物学の領域を越えて一般に広く知られているが、彼が植物の運動に大変興味を持っていたことは、植物生理学や植物科学を専門とする一部の人々を除いてはほとんど知られていない。冒頭で述べたように、1859年に「種の起源」が出版され、その数年後の1865年、56才のとき、ダーウィンは「よじのぼり植物―その運動と習性」（On the Movements and Habits of Climbing Plants）を発表している。本書が、植物の進化論を意図して書かれたことは間違いない。彼は100種を超す植物について詳しく観察し、まきひげを使ってよじのぼる植物、葉でよじのぼる植物、茎で巻きついてよじのぼる植物、根でよじのぼる植物など、それぞれについて驚くほど詳細なデータを残している。そして、回旋運動を行う植物の諸性質を詳しく考察し、まきひげを持つ植物は本来は葉でよじのぼる植物であり、葉でよじのぼる植物は本来は茎で巻きつく植物であること、従って、葉でよじのぼる植物の中には、まきひげまたは茎で巻きつく性質を兼ね備えた植物があることも例示している。進化論を確立したダーウィンならではと思われる。

　1880年、ダーウィンは集大成とも言われる「植物の運動力」（The Power of Movement in Plants）を発表した。その中で、彼は300種を超える植物の様々な運動について息子フランシスの助力を得て膨大な実験を行っている。特に、光

屈性（Phototropism）に関する実験が、最初の植物ホルモンであるオーキシンの発見につながったことは、植物生理学の分野ではよく知られていることである。1987年には、共著者の1人、渡辺仁氏により「植物の運動力」が翻訳・出版された。大変な労作である。手にとって見ると、質・量ともに随所に進化論を確立したダーウィンの思考過程を垣間見ることができ、本書は現代植物生理学の原典ということができよう。

このような観点から、本書の第1章では120年も前に書かれたものではあるが、ダーウィンの「植物の運動力」を取り上げた。現在のように分析機器の整った時代とは違い、彼らが植物の運動について如何に考え、どのように工夫して実験を行ったか、感嘆する場面がしばしばある。しかし、現在においても彼らの記載している生命現象を分子レベルで理解するには、なお道程は遠い。

植物は動物と異なり、生存している場所を自らの意志で自由に移動することができないので、外部の刺激（光、温度、湿度など）に対し敏感に応答し、生命の維持を図っている。一般に、植物の運動は主に①屈性（Tropism）、②傾性（Nasty）、③走性（Taxis）に分けられ、第2章から代表的な運動について順を追って編集されている。

植物の芽生えに1つの方向から光を当てると、植物は光の方向へ曲がる。この現象を光屈性と呼び、ダーウィンの実験以来、光屈性に関する研究が多くの人々により精力的になされた。その結果、1937年にCholodny-Went 説が提唱され、広く受け入れられてきた。ウェント（F.W.Went）によると、光屈性の原因は、成長を促進するオーキシンが光側から影側に横移動し、オーキシンの不等分布（影側>光側）による、と説明されている。重力屈性も光屈性と同じ原因によることがCholodny により明らかにされた。ところが、最近の機器分析を用いて測定すると、オーキシン量は影・光側とも均等であり、光屈性の原因は光側での光誘起成長抑制物質の生成によることがブルインスマ（J.Bruinsma）と長谷川（K.Hasegawa）により提案された（Bruinsma-Hasegawa 説）。本書では、特にブルインスマ教授（Wageningen Univ., オランダ）とファーン（R.D.Firn)教授（Univ. of York, 英国）から光屈性と重力屈性についてそれぞれ御寄稿いただいた。両教授ともCholodny-Went 説には批判的であるが、Cholodny-Went 説を

支持する人は多い。そういった点では、Cholodny-Went 説を支持する国外の研究者にも原稿を依頼した方がよかったかもしれない。

ところで、上に述べたダーウィンの著書「よじのぼり植物—その運動と習性」に記載されているまきひげの運動も屈性運動の1つである。まきひげの運動にどのような物質が関わり、どのような仕組みでまきひげが運動するのか、さらに左巻きか右巻きかの問題は生物の非対称性といったテーマにまで進展することを期待している。

植物の就眠運動と花の開閉運動は、代表的な傾性運動である。オジギソウやネムノキの就眠運動は紀元前アレキサンダー大王の時代から人々の興味を引き、1900年代に入ると、それに関わる活性物質の探索が試みられた。現在では、それぞれの植物に固有の就眠・覚醒の両物質が存在し、就眠運動は両者の相対的な濃度バランスの変化によることが分かり、新しい就眠運動の分子機構が提案された。植物生理や生化学などの立場から、植物の運動に関する研究が多々なされているが、化学的なアプローチによる成功例は皆無に等しい。一方、花の開閉運動においては、早朝花弁の内側が成長して花が開き、夕方には外側の方が成長して花が閉じる、と説明されている。その際、β-グルコシダーゼによるデンプンの加水分解が鍵となっていることも分かった。

ハエトリグサとオジギソウは、動く植物の代表格である。オジギソウについては、葉の開閉運動に関わる活性物質も明らかになり、運動のメカニズムに関する研究も進んでいる。一方、ハエトリグサの特徴的な閉合運動に関わる化学物質についてはこれまでまったく分かっていないが、ハエトリグサの挙動にはダーウィンも非常に驚いた、と述べている。外的刺激を2度受けると、二枚貝状の捕虫葉がどのようなメカニズムで膨圧の変化をきたし、閉合して虫を捕まえるのか、興味は尽きない。

一般に、高等植物では走性を示すものはないが、単細胞微生物クラミドモナス（緑藻植物門）やミドリムシは走光性を示し、100年以上も前から興味を引いている。走光性の仕組み、光を感知するタンパク質、新しい光活性化アデニル酸シクラーゼの発見など、さらに光刺激がどのような経路で運動に到達するのか等、ホットな成果も披瀝され、多くの読者の興味を引くに違いない。

上に述べたように、本書は生物、化学、植物生理学、生化学、分子生物学など様々な立場から植物の運動の謎解きにアプローチしたものである。まだまだ分からないことは山ほどある。本書を企画したきっかけは、編者らの研究プロジェクトが文部科学省科学研究費補助金「特別推進研究」の援助によって推進され、その成果を広く知らせることでもあった。読者の皆さんが植物科学に少しでも興味を持ち、進んで「やってみよう」と思われれば、編者として望外の喜びである。

2002年7月

山　村　庄　亮

長谷川　宏　司

動く植物
―― その謎解き ――

目　次

第1章 ダーウィンによる「植物の運動力」 ……………………… 3
〈渡辺 仁〉
1. ダーウィンと『植物の運動力』 ………………………………… 4
2. 「序 論」 ……………………………………………………… 4
3. 「芽生えの回旋運動」 …………………………………………… 5
4. 「芽生えの運動と成長に関する一般的な考察」 ………………… 6
5. 「幼根の先端の接触などの刺激に対する感受性」 ……………… 7
6. 「成長を終えた植物各部分の回旋運動」 ……………………… 10
7. 「回旋運動から変わってきた運動:よじのぼり植物;
   上偏成長および下偏成長による運動」 ……………………… 11
8. 「回旋運動から変わってきた運動:睡眠運動、すなわち暗屈性運動
   とその効果;子葉の睡眠」 …………………………………… 12
9. 「回旋運動から変わってきた運動:本葉の暗屈性運動、すなわち睡眠運動」 13
10. 「回旋運動から変わってきた運動:光刺激による運動」 ……… 14
11. 「植物の光感受性:その影響の伝播」 ……………………… 15
12. 「回旋運動から変わってきた運動:重力刺激による運動」 …… 22
13. 「重力刺激に対する感受性の局在とその影響の伝播」 ………… 22
14. 「要約と結論」 ……………………………………………… 24

第2章 屈 性 ……………………………………………………… 27
第1節
1. The origin of the present research on phototropism ……………… 28
〈J. Bruinsma〉
2. Roots bend down and shoots bend up? Sorry Cholodny
   and Went but that is not true. ……………………………………… 35
〈R. D. Firn and J. Digby〉

第2節 光屈性 ……………………………………………………… 40
〈繁森英幸・山田小須弥・中野 洋・長谷川 剛・長谷川 宏司〉
1. はじめに ……………………………………………………… 40
2. 光屈性の研究の歴史 —— コロドニー・ウェント説から
   ブルインスマ・長谷川説まで ………………………………… 43
3. 光屈性制御物質としての光誘起成長抑制物質 ………………… 56
4. 光屈性刺激の受容体の解明 …………………………………… 62
5. まとめ ………………………………………………………… 68

第3節　重力屈性 ……………………………………………………………72
　　　　　　　　　　　　　　　　　　　　　　　　〈鈴木　隆〉
　1. はじめに ………………………………………………………………72
　2. 重力屈性の研究背景……………………………………………………77
　3. 重力感受部位と重力信号応答部位 …………………………………80
　4. 重力の感受（重力センサー）…………………………………………85
　5. 重力刺激の生体信号への変換 ………………………………………88
　6. シグナル分子 …………………………………………………………92
　7. 重力信号のカスケード反応とシグナル分子 ………………………94
　8. おわりに ………………………………………………………………95

第4節　接触屈性──エンドウの巻きひげについて── ………………99
　　　　　　　　　　　　　　　　　　　　　　　　〈和田アイ子〉
　1. エンドウ巻きひげの接触刺激による屈曲角の変化………………100
　2. 接触刺激による表皮細胞のサイズの変化 ………………………102
　3. 細胞膨圧の変化の要因 ………………………………………………104
　4. 巻きひげの表皮細胞における微小管の配向 ………………………107
　5. 巻きひげの屈曲角度と細胞のサイズ（＝膨圧）と
　　　微小管の配向における相関 ………………………………………108
　6. 植物ホルモンの屈曲におよぼす影響 ………………………………110
　7. まとめ …………………………………………………………………113

第3章　傾　性 ……………………………………………………………119
第1節　葉の開閉運動 ……………………………………………………120
　　　　　　　　　　　　　　　　　　〈上田　実・髙田　晃・山村庄亮〉
　1. はじめに………………………………………………………………120
　2. ダーウィン以後の就眠運動に関する知見 …………………………121
　3. 就眠運動をコントロールする真の活性物質 ………………………122
　4. 生物時計による就眠運動のコントロール …………………………126
　5. 就眠運動をコントロールする活性物質の標的細胞………………128
　6. 植物はなぜ眠るのか？ ………………………………………………132

第2節　花の開閉運動 ································ *136*
　　　　　　　　　　　　　　　　　　　　　　　　〈田中　修〉
　　1. 花の開閉の時刻は決まっている ··················· *136*
　　2. 開花の刺激 ···································· *138*
　　3. 花の開閉運動の正体 ···························· *142*
　　4. サツキツツジの開花 ···························· *147*
　　5. 開花の鍵はデンプンの分解 ······················ *149*
　　6. 花の開閉の仕組み ······························ *150*
　　7. おわりに ······································ *152*

第3節　食虫植物の運動 ································ *156*
　　　　　　　　　　　　　　　　　　　　　　　　〈近藤勝彦〉
　　1. 食虫植物の運動の生物的意味 ···················· *156*
　　2. 運動のメカニズムに関する研究の歴史 ············ *157*
　　3. 筆者がこの運動の研究に入った動機 ·············· *162*
　　4. 現時点で考えられる運動のメカニズム ············ *162*
　　5. 今後の研究課題と問題点 ························ *169*

第4章　走　性 ── クラミドモナスとミドリムシの走光性 ── ··········· *177*
　　　　　　　　　　　　〈伊関峰雄・高橋哲郎・鈴木武士・渡辺正勝〉
　　1. はじめに ······································ *178*
　　2. クラミドモナスの光運動反応 ···················· *179*
　　3. ミドリムシの光運動反応 ························ *185*

動く植物
―― その謎解き ――

第1章

ダーウィンによる「植物の運動力」

1. ダーウィンと『植物の運動力』

　チャールズ・ダーウィン（Charles Darwin）（前頁写真）は、1880年に、息子フランシス（Francis Darwin）の助けを得て行った数年間の研究をまとめて、『植物の運動力』（The Power of Movement in Plants）と題する、序論と本文12章からなる著書を刊行した。彼はその中で320種以上の植物のいろいろな部分が運動することを詳細に観察し実験している。この本は植物運動の研究の原典となったばかりでなく、植物生理学の重要な分野である植物ホルモンの研究の発端となり、植物の成長生理学の古典ともなったことはよく知られている。しかし、これは古い上に難解な英語で書かれており、また観察や実験データが文章で表現してあるので、日本ではあまり紹介されてこなかった。筆者は以前この本を翻訳し『植物の運動力』（1987年）を出版したが、本書ではなるべく彼の記述（章立て）に沿ってその粗筋を述べてみよう。なお、ここに紹介した以外にも多くのアイディアに富む実験と観察があり、それらを現在の知識と技術で再検討すれば、きっとおもしろい結果が得られるだろう。紙面の関係で多くの図を省略したが、詳しくは原著[1]か訳本[2]を参照してほしい。なお、最近、彼の植物学に関する著作の解説書が訳されたので[3]、それも参考にしていただきたい。

2.「序　論」

　『植物の運動力』の「序論」では、彼は、植物のいろいろな部分が自ら回旋運動（首を振りながら回転する動き）をする能力を持っており、植物の運動は回旋運動それ自体か回旋運動から変わってきたものであること、また植物の刺激感受性は根および茎の先端にあり、そこが刺激を受けるとその効果が少し離れた箇所に伝えられ、それによって曲がったり回旋運動が起こったりすることを述べている。

　彼が観察や実験を行った1870年代には、電灯はおろか今日我々が知ってい

るような測定器具などは一切なかった。研究を進めるに当たり、まず測定方法を決める必要があり、彼は次のようなきわめて巧妙な方法を考案した。すなわち、図1に示すように、ウマの毛より細く短いガラス棒の一端にロウの小球をつけ、その棒を植物の観察する部分にニスで接着した。また、黒い点を打った紙片を土に差した棒に固定し、その点がガラス棒上のロウの小球のすぐ下か向こう側にくるようにした。観察は植物からいくらか離れたところに垂直または水平にガラス板を置き、紙片上の点とロウの小球をガラス板越しに見て、両方が重なったところで先端にインディアンインクをつけたつまようじでガラス板上に印をつけ、そ

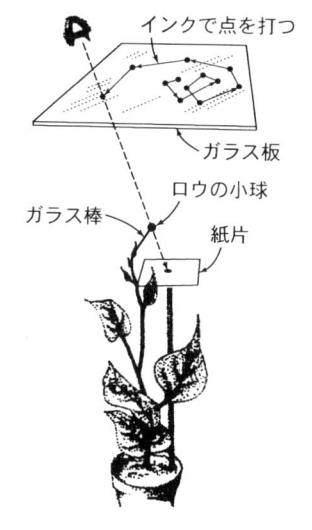

図1
ダーウィンが植物の運動を記録するために用いた方法。(M. Allan著、羽田節子＋鵜浦裕訳、『ダーウィンの花園』より一部改変。)

れを線で結んだ。もちろん、この方法では運動の概略は得られるが正確な倍率は得られず、また点がガラス板の端に来たときには運動が大きく拡大されることになる。しかし、彼は、これらの図は植物の運動の一般的な性質は言うまでもなく、ある部分がとにかく運動するかどうかを確かめるには大いに役立つだろう、と言っている。また、根の回旋運動を証明するときは、ススを塗ったガラス板を斜めに立て掛け、それに根が成長するとススをかき取ることを利用している。我々は研究を進めるには何か新しい装置や機械が必要であると考えがちであるが、彼はほとんど金のかからない装置と誰にでもできる方法で植物の運動を観察している。

3.「芽生えの回旋運動」

この章では、まずキャベツの幼根を上下逆にし、その運動を上で述べた方法

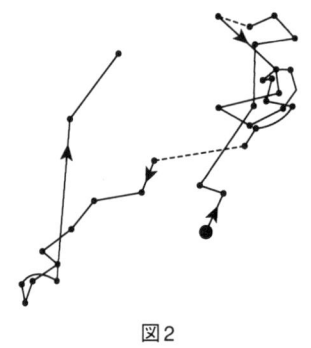

図2
キャベツの幼根の回旋運動。水平においたガラス板上に1月31日午前9時から2月2日午後9時まで描いた。運動は40倍に拡大。(出発点は太い黒丸、夜間に動いた経路は点線で示してある。)

で描くと、図2のような回旋運動をしていることが明らかだった、と述べている。この植物の地中にある胚軸も土を取り除くと回旋運動をしており、また子葉も同様に回旋運動をしていた。その他 *Githago segetum*（ナデシコ科の一種）やワタなどの草本植物、オレンジやセイヨウハシバミのような木本植物、*Cycas pectinata*（ソテツ属の一種）、*Canna Warscewiczii*（カンナ属の一種）やマカラスムギのような単子葉植物、*Nephrodium molle* や *Selaginella Kraussii* などのシダ植物、そしてとても回旋運動などしそうにない *Opuntia basilaris*（サボテンの一種）など植物45種を観察し、いずれも幼根、胚軸、上胚軸または子葉が単独あるいは一緒に回旋運動を行い、その運動が光や重力の影響で変わってくることを明らかにしている。彼は、アスパラガスやカナリアクサヨシの芽生えが土を破って出てくるときに、芽生えと土の間に狭い円形のすき間ができることを観察し、これは芽が回旋運動をして周囲に砂を押しやった結果であると思われる、と言っている。

4.「芽生えの運動と成長に関する一般的な考察」

この章では、前章で芽生えの各部分で観察された回旋運動は、最も下等な隠花植物を除いてほぼすべての植物に見られたことから、植物に普遍的なものと考えてよい、と言っている。原著の第I章で幼根が回旋運動をしていることが明らかにされたが、もし幼根が下へ向かって伸びるときに、根端が割れ目や根が腐ってできた穴、あるいは昆虫の幼虫が作った穴などに斜めに入り込もうとすれば、根端の回旋運動は実際に役立っているだろう、と述べている。また、ソラマメの根が重力に反応して下方に曲がるときにはわずか1gの力で十分であるが、薄いすず箔に幼根が垂直に成長すると、幼根の先端はその面に到達す

ると直角に曲がり、すず箔にそって滑るように成長した。ソラマメの幼根が縦に伸びたり横に広がって成長する力を測定したところ、113gに相当する力で伸びており、横に広がる力は約1.5～3.9kgであることが分かった。こうして幼根が成長するときには数kgの力でまわりの湿った土を押しのけて太くなっていく、と言っている。

多くの植物の子葉やその葉柄と同様に、*Delphinium nudicaule*（キンポウゲ科の一種）や*Megarrhiza Californica*（ウリ科の一種）などの変わった形をした植物、またシダ植物の羽軸など、最初に地上に出てくるものはみなアーチ形をしている。このアーチ形部分も地面を破って出てくる前からいつも回旋運動をしていた。

こうした胚軸や上胚軸、葉柄や羽軸などがまっすぐになるときの回旋運動は、初日と次の日では描く楕円の方向が大きく違い、その数も植物によりまったくまちまちであった。子葉の回旋運動は24時間に1回ある垂直面での上昇と下降を繰り返していたが、それ以外にも様々な例外があり、植物によっては周期的であったが1日の明暗変化と密接に関連していた。双子葉植物153属中、夜になると子葉が60°以上運動する植物が26属、20°以上60°以下運動する植物が38属あり、20°以上は運動しない植物が89属あった。葉枕のない子葉は運動を1週間も続けることはないが、葉枕のある子葉は運動をはるかに長期間続けた。光の強度が変わったり、あるいは光がなくなったりすると、昼間に見られる周期的な運動は大きくかつすばやく阻害を受けた、と述べている。

5.「幼根の先端の接触などの刺激に対する感受性」

この章では、まず根端が地中でどのようにして障害物を乗り越えるかを実験している。それには、ソラマメの根端がガラス板に直角に伸びるようにしたが、幼根は障害物にほとんど力を加えないで曲がってくるようであった。そこで、少し傾けたガラス板上を幼根が成長しながら下降してくるようにし、その途中に幼根に直角になるように薄い木片を張りつけた。ある幼根の場合、根冠が木片に直角に当たると最初わずかに横に扁平になり、2時間30分後扁平部分は斜

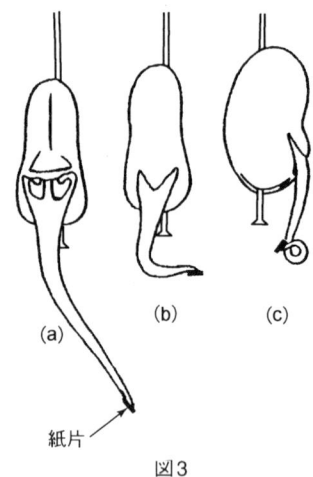

図3
紙片を張りつけたソラマメの幼根の屈曲。(a)紙片を張りつけた反対側へ曲がり始めた幼根。(b)直角に曲がった幼根。(c)輪を描いて曲がった幼根。

めになり、さらに3時間すると扁平部分がなくなり、根端は直角に曲がってきた。この根端は木片にそって成長を続け、木片の末端までくるとまた直角に曲がってきた。それがガラス板の終わりまでくるとまた大きく曲がり、湿った砂に鉛直に伸びていった。幼根が直角に曲がる箇所は先端から8～10mmの成長帯であった。幼根には屈曲を起こすほどの機械的な力がかかっている様子はなかった。これを説明するのに、幼根の先端にごくわずかの圧力がかかると、圧力のかかった側では成長が続いているのに反対側では成長が阻害され、その結果直角に曲がる、と考えた。しかし、これでも先端から8～10mmの根端より少し上が曲がることがまったく説明できなかった。そこで、彼は、根端は接触に敏感で、何かが接触するとその影響が幼根の先端から上に伝えられ、その結果接触した反対側へ曲がって障害物を避けようとする、と考えた。これを証明するために、ソラマメの芽生えをコルク栓に止め、湿らせたビンにつるし、その幼根の先端の一方に普通の薄い紙やサンドペーパーの切れ端（約1.3mm角）、きわめて薄いガラスの破片や鳥の羽の切れ端などをアラビアゴムまたはニスで張りつけ、どちらへ曲がるかを観察した。55例中52例が張りつけたものの反対側へ曲がった（図3）。

さらに彼は、幼根は固くて抵抗の大きいものと軟らかくて抵抗の少ないものを識別できるかどうかという、おもしろい実験をしている。それには、サンドペーパー（厚さ0.15～0.20mm）と薄い紙（0.045mm）を同じ大きさの四角形に切り、各々を12本の幼根の先端の両側にニスで張りつけた。12例中8例は厚い紙をつけた方の反対側へ、すなわち薄い紙の方へ曲がった。このことから、幼根の先端には薄い紙ときわめて薄い紙とを識別する能力があり、固くて抵抗の大きいものに当たって圧力を感ずるとその反対側へ曲がるようになることが

分かった。これは、幼根が地中にある障害物を避け、最も抵抗の少ない経路をたどるための適応である、と述べている。この実験はその後追試されたことがないように思う。また、彼はソラマメの幼根の先端をマメ全体が揺れるくらいの力で針や小枝でこすってみたが、まったく影響がなかった。こうした実験から、彼は、幼根はごくわずかな力でも長時間加え続けると反応するが、一時的に接触しただけでは感じない、と結論づけた。

　そこで、長時間刺激を与え続けるために、ソラマメの根端の片側からごく薄い切片をかみそりで切り取り、その影響を調べた。切片を切り取った18本の幼根のうち14本は切り口の反対側へ曲がったが、4本は反応しなかった。このことから、彼は、幼根の先端の一方を薄く切り取ると、何かものを張りつけたときのような刺激になって、傷口の反対側へ曲がったのであろう、と言っている。また彼は、根端の片側または成長帯の片側を殺したりひどく傷つけると、反対側は成長を続けているので、その部分は傷ついた側へ曲がるはずであるが、わずかに傷つけるとそれが長時間続く刺激となって傷の反対側に曲がるのではないか、と考えた。そこで、ソラマメの幼根の先端に長時間続く刺激として硝酸銀（腐食剤）を軽く接触させると、15本のうち14本が硝酸銀を接触した反対側へ曲がった。したがって、この先端は硝酸銀でかすかな刺激を長時間受け続けたために反対側へ曲がったのであろう、と推論している。現在の我々の知識からは、根端から切片を切り取る実験とそこに硝酸銀を接触させる実験結果は解釈が困難で、さらに追試が必要であろう。

　ザックス（J. v. Sachs）は根端から数mm上が接触に敏感であると述べており、ハーバーラント（G. Haberlandt）は幼根が種皮の端でこすったり力がかかったりすることで曲がると言っているが、ダーウィンはその部分を針や小枝でこすってみても何の影響もなかった。そこで、彼は根端に張りつけるのと同じ紙片を30本の幼根の根端から3～4mm上の側面に張りつけてみた。その結果、3本だけが紙片の方に曲がった。これから、彼は、根端の少し上の側面に紙片を張りつけても十分な刺激にはならないが、ときには紙片の方に曲がることもある、と結論している。また彼は、ソラマメの根端から4mm上に硝酸銀を接触させたときの影響を調べた。すなわち、硝酸銀を接触させて傷ができて

もできなくても、そこは接触した方へ曲がってきた。根端に硝酸銀を接触させた場合はその反対側へ曲がり、根端から4mm上に接触させた場合とまったく逆であり、これは注目に値する、と言っている。エンドウの幼根でも同様な実験を行い、ほぼ同様な結果を得ている。また別な実験では、根端に紙片を張りつけるとその反対側へ曲がり、少し上に張りつけると張りつけた側へ曲がったので、これは幼根でも場所が異なると感受性に違いがあることを示しているものと考えた。

彼は、ベニバナインゲン、ソラマメなど4種の植物の幼根の先端に湿度に対する感受性があることを明らかにした。しかし、実際に曲がるのは根端の少し上であった。

こうして、彼は、根端には重力、接触および湿度に対する感受性がある。種子が地上に落ちて発芽し、根が土の割れ目またはミミズや昆虫の幼虫が作った穴に斜めに入ろうとするときには、回旋運動が役立っているに違いない。さらに、根端は常にどちらでも曲がろうとしており、張りつけた普通の紙片ともっと薄い紙片とが識別できるように、接している面が固いか軟らかいかを識別できる。根は地中で必ず石や他の植物の根に出会うはずであるが、固い土を避けて曲がり、最も抵抗が少なく湿度の多い方へ伸びて行くと考えられる。また幼根の少し上にはまきひげのように接触に対する感受性があり、幼根がいくらか伸びて障害物の端までくると、その部分が障害物の端でこすられるとともに屈地性が働きだし、その結果下へ曲がってくることが分かる、と結論している。

6.「成長を終えた植物各部分の回旋運動」

この章では、植物は古くなっても成長の仕方を変えそうにはないので、いかなる齢であってもすべての植物のすべての器官に回旋運動が見られるだろうと考え、それを確かめる実験を行っている。観察には、マガリバナ、キャベツや *Cereus speciocissimus*（サボテン科の一種）など20種の植物を選び、その茎の運動を描いた。その結果、どのような植物でも成長途中の茎には回旋運動が

見られた。

　また彼は、オランダイチゴ、ユキノシタなどのほふく枝を観察したところ、いずれも回旋運動をしていた。自然状態ではこのオランダイチゴの周囲にはたくさんの植物が生育しているはずであり、成長するときにどのようにしてその間を通り抜けるかを観察するために、まっすぐなほふく枝のすぐ前にごく細い枝や干し草の桿を砂にたくさん差しておいた。ほふく枝がそれを通り抜けるのに、回旋運動が明らかに役立っていた。小枝や干し草にたどり着いてもその間を通りぬけられないほど密に並んでいると、今度は立ち上がってそれを乗り越えた。4本のほふく枝が小枝や干し草の間を通り抜けてしまった後で障害物を取り除いてみると、2本はもう元に戻れないほど波形に曲がっており、2本はまっすぐになってきた。またユキノシタでも、ススを塗ったガラス板を使って同様な実験を行っている。しかめっつらでひげもじゃのダーウィンが、きっと子供のように瞳を輝かせながらこの実験を行っていたのであろうと考えると、ほほえましくなってくる。

　彼は *Oxalis*（カタバミ属）、*Trifolium*（シャジクソウ属）など何種かの植物の花柄が回旋運動をすることを明らかにし、すべての成長している花柄が回旋運動をしていることはほとんど疑いの余地がないであろう、と述べている。

　また彼は、成長している若い葉の回旋運動を調べるため、*Sarracenia purpurea*（ヘイシソウ属の一種）、*Glaucium luteum*（ツノゲシ属の一種）から、とても運動しそうにない *Echeveria stolonifera*（ベンケイソウ科の一種）や苔類の *Lunularia vulgaris*（ミカズキゼニゴケ属の一種）に至るまでの36種の植物の葉を用い、その運動について観察した。その結果、観察した葉は、数や方向、また大きさに差はあるものの、すべてが回旋運動をしていた。

7.「回旋運動から変わってきた運動：よじのぼり植物；上偏成長および下偏成長による運動」

　この章では、まず回旋運動が植物の生れつきの、いわば体質的な原因で変わってくる例を考えている。その最も単純な例であるよじのぼり植物の運動は、

植物をごく若いときに観察すれば普通の回旋運動であり、古くなるにしたがってそれが大きくなってきたものである。よじのぼり植物には屈日性反応を示すものはほとんどないことが分かった。

上偏成長や下偏成長で生ずる運動はその途中に横方向の動きを伴っているので、回旋運動から変わってきた運動であることが分かる。モンテンジクアオイ、ハアザミなど何種かの植物の葉の上偏成長や下偏成長による運動も、またシロツメクサの小花柄の上偏成長による運動も回旋運動から変わってきたものである、と述べている。

8.「回旋運動から変わってきた運動：睡眠運動、すなわち暗屈性運動とその効果；子葉の睡眠」

この章では、プリニウス（G. Plinius secundus）やリンネ（C. v. Linne）の時代から知られており、葉枕のある植物にもない植物にも見られる、葉の睡眠を取り上げている。これも回旋運動が昼夜、すなわち明暗によって大きく変わった結果であり、また同時にある程度遺伝的でもある。葉や子葉が行うこうした暗屈性運動は、葉枕で行われようと葉柄で行われようと、葉の上側表面を包むように上昇してくるという点で同じである。ダーウィンは、これは夜間に葉の上側表面が熱放散で冷やされるのを防ぐのが目的である、と考えている。彼は最初この考え方に懐疑的であったが、コミヤマカタバミ、ナンキンマメなど16種の植物の小葉や子葉を強制的に広げてコルク板にとめ、寒い夜に外気にさらした結果、いずれも大きく障害を受けた。一方、対照の葉は無傷かほとんど無傷であった。葉や子葉が水平から60°上か下へ動けばその投影面積は半分になり、そのときの熱放散は水平になっているときの約半分になるはずである。こうして、キャベツ、ダイコンなど60種以上の植物について観察をし、子葉が水平から60°上か下へ動く植物の一覧表を作っている。

9.「回旋運動から変わってきた運動：本葉の暗屈性運動、すなわち睡眠運動」

　この章では、葉が睡眠する植物を一覧表で示し、本葉が水平から60°以上上か下へ運動する植物について述べている。ゴレンシ、マイハギなどの双子葉植物、*Pinus Nordmanniana*（マツ属の一種）などの裸子植物、サトイモなどの単子葉植物、デンジソウなどのシダ植物を含めて70種以上の植物の葉の暗屈性運動を調べた結果、前章で小葉や子葉について述べたように、夜間に葉の上側表面が守られるように複雑な運動で垂直に立ち上がってくる。また、何例かでは夜間には葉が閉じるとともに葉柄も上昇したり下降したりしたが、これは夜間に上空に向かって熱放散する面積を減らすのに大きく役立っている。多くの葉は24時間絶えず運動していた。描く運動は楕円形であり、これは上昇と下降が正反対の側で起こるのではないことを示している。描く楕円の形、大きさや数は植物により様々であった。睡眠している葉の運動は植物が本来持っている原因によっており、環境に適応する性質を持っている。また、明暗が交互に変化することは、単にその葉にその葉固有の方法で運動する周期がきたことを知らせるだけであり、葉の正常な回旋運動を変化させる刺激となるのは、夕方と早朝において光強度に差があることである、としている。また、この運動の周期性はある程度遺伝的である、と考えている。

　睡眠する葉の行う運動の最も簡単な例は、24時間に1個の楕円を描くことである。睡眠しない葉もみな絶えず回旋運動を行っているので、睡眠する葉の行う上昇運動と下降運動の少なくとも一部分は普通の回旋運動であると考えられる。睡眠しない植物の葉が毎日何個か描く楕円のうち1個が夕方に一方が極端に長くなり、そしてついに葉が垂直になり、一点のまわりで回旋運動を始め、次の日の朝、楕円のもう片方が同じように長くなり、そしてその葉が昼の姿勢に戻って夕方まで回旋運動を行えば、これは睡眠しない植物が睡眠する植物に変わってきたことを表している。このように、葉の睡眠運動は単に本葉や子葉の回旋運動が変わってきたもので、周期と振幅が明暗の変化で制御されている

に過ぎない、としている。

10.「回旋運動から変わってきた運動：光刺激による運動」

　この章では、屈日性の強い植物に横から強い光を当てると植物はすばやく光源の方へ曲がり、茎の描く軌跡はほぼ完全に直線状になってくる。しかし、光が弱かったり、中断したり、斜めの方向から当たったりすると、描く軌跡は少々ジグザグになってくる。そのジグザグ運動は上から照明を与えたときに植物が描く楕円や輪などを引き伸ばしたものである、と言っている。彼はサトウダイコン、トマトなどの芽生えが光強度の変化にきわめて敏感で、ごくわずかな変化を感知して回旋運動が屈日性運動に変わってくることを明らかにした。例えば、セロリの芽生えを北東に面した窓の前に置き、窓を亜麻の日よけ1枚と木綿の日よけ3枚とタオル1枚で覆って光を当てた。そこには光はほとんど入ってこなかったので、白い紙の上に鉛筆を立てても感知できるほどの影はできず、セロリの胚軸も窓の方へまったく曲がらなかった。そこでタオルを取り除いて木綿の日よけに変え、光が普通の亜麻の日よけ1枚と木綿の日よけ4枚を通過するようにした。芽生えの近くでは白い紙の上に鉛筆を立てるとやっと分かるくらいの影が窓の反対側にできた。こうして芽生えの窓側で光がごくわずかに増加すると、これらの胚軸はすべてただちに窓の方へジグザグに曲がり始めた、と述べている。これは暗屈性運動が回旋運動から変わってくるのに似ている。

　植物の葉や子葉には光が斜めに当たるとそれに対して直角になろうとする強固な性質がある。これが横日性である。この横日性運動も植物が本来持っている特性で、回旋運動から変わってきた運動である。また、太陽の光が強く当たると葉の縁が光の方へ向く運動を平行屈日性（昼間の睡眠）と呼んでいる。先の横日性運動はただ単にこの平行屈日性運動の一部分であると考えてよいだろう、と述べている。

11.「植物の光感受性：その影響の伝播」

　この章では、ある種のイネ科植物の鞘状をした子葉（現在では子葉鞘あるいは幼葉鞘と呼ばれている）は屈日性が強いが、これは、地中に埋もれている種子が発芽してこの子葉が地中の割れ目にそって出てきたり、たくさんの植物が上に折り重なっている間を通り抜けて光や空気のある所まで出てくるのに役立っているものと思われる、と述べている。他の多くの芽生えの示す屈日性運動も多分同様であろう。茎がごく若いときに屈日性運動をするのは、子葉に光が十分に当たるようにするのに役立っている、としている。

　敏感な植物がいかに敏感なのかについては、前章でセロリの屈日性について述べている。ダーウィンはカナリアクサヨシを鉢に植えて暗所で発芽させ、完全な暗室に入れたままごく小さいランプから約3.7m離しておいた。7時間40分後になると、わずかではあったが子葉はみなそろってランプの方へ曲がった。この3.7mという距離では光はきわめて弱く、芽生え自体は見えず、また懐中時計の白い文字盤の大きい文字も読めなかった。紙にインディアンインクで引いた線だけはどうにか判別できたが、鉛筆で引いた線は見えず、そして白い紙の上に鉛筆を立ててもその影が分からないほど弱い光であったが、芽生えは両側に当たる光に差を感じて反応した。

　次に、照射する光の幅をどれだけ小さくしても反応するかを試した。これは、芽生えが土の割れ目や障害物を通り抜けながら出てくるのに光がどのように役立っているかが分かるからである。それには、カナリアクサヨシを植えた鉢をブリキの容器に入れ、その片側に直径1.23mmの穴をあけ、この容器の前に石油ランプを置いた。すると、芽生えは数時間後に穴の方へ正確に曲がった。もっと厳密な実験を行うために、ごく薄くて細いガラス管の上端を封じ、表面に黒いニスを塗り、一方のニスをすき間状にせまい幅でかき取った。暗所で発芽したこの植物の子葉にすき間の幅が0.1mmで長さが0.4mmのガラス管をぴったりとかぶせ、植物を南西に面した窓の前に置いてそのすき間から光を当てた。7時間40分後には正確に光の方へ曲がっているのが分かった。彼は、この

わずかな幅のすき間を通った光が屈曲を引き起こすことは驚きだった、と述べている。

　また、彼は光強度と屈曲角の関係を測定した。その方法は、暗室で育てた6本のカナリアクサヨシの芽生えを各鉢に植え、それぞれランプから約0.6、1.2、2.4、3.6、4.8および6.0m離しておいた。2番目の鉢の芽生えは光源に最も近い芽生えの4分の1、3番目の芽生えは16分の1、そして6番目の芽生えは100分の1の光を受けるはずであり、鉢によって屈曲の程度に差が出るものと思った。実験の客観性を保つために、この実験について何も知らない3人に子葉の屈曲の大きさの順に鉢を並べてもらった。その結果は、確かにランプに最も近い芽生えが最も大きく曲がっていたが、屈曲角と光量の間には直線的な比例関係はなかった。

　彼は、芽生えが正確に光源の方へ曲がることを調べるために、長くて幅のせまい箱にカナリアクサヨシをたくさん発芽させ、これを暗所でランプの前に近づけて置いた。子葉が光の方を向けば、箱の両側と中央に発芽している芽生えでは大きく違った向きになるだろうと考えた。子葉が光の方へ直角に曲がった後で、2人に端から順に子葉の上に子葉と平行に糸を張ってもらった。すると、ほとんどの場合、糸はランプの芯上で交わった。彼の判断するかぎり、正確な方向からのずれは1°か2°以内であった。こうした箱で育てた子葉は光に関してはまったく様々な姿勢になっていたにもかかわらず、全部正確に光の方へ曲がっていた。マカラスムギの子葉の場合も全く同じであった。これらの子葉の断面が円形であろうが楕円形であろうが、その周囲のちょうど半分が光を受けており、半分は陰になっているはずであり、この両側の受ける光の差が屈日性運動の原因になるのであれば、この芽生えが光の方へきわめて正確に曲がってくるのは当然である。こうした実験から、彼は、光が子葉のどんな面に当たろうとも、同じ量の光は全く同じ効果を生ずると考えてよいだろう、と述べている。

　さらに彼は、カナリアクサヨシの子葉5本の片側半分に縦方向にインディアンインクを塗り、その塗った側を適当に右か左へ向け、窓の近くで光を与えた。結果は窓の方へまっすぐ曲がらず、インクを塗っていない側へ窓からそれぞれ

35°、83°、31°、43°および39°斜めになってきた。数字のばらつきは実験誤差と考えられ、インクを塗っていない部分は光を受けたがその反対側とインクを塗った側は光を受けず、この斜めになる角度はインクを塗っていない側全体の光反応の結果であると考えられる、としている。マカラスムギでも同様な結果が得られた。筆者は、こうしたダーウィンらの実験のアイディアと結論の導き方の巧妙さに感服してしまう。

　「光感受性の局在とその影響の伝播」では、彼は、カナリアクサヨシの芽生えがランプの光の方へ正確に曲がるのを見て、最も上の部分が下の曲がる方向を決めているのではないかと考えた。事実、子葉に横から光が当たると最初上部が曲がり、その後屈曲は次第に下へ移動し、地面の少し下まで曲がってくる。最初カナリアクサヨシやマカラスムギの子葉にすず箔や黒く塗ったガラス管で作った帽子をかぶせると、下の何もかぶせていない部分に横から光を当てても曲がってこなかった。これは、上部に光が当たらないようにしたためではなく、何か屈曲に必要なものが子葉を下降しなければならないために、最初上部が曲がらないかぎり下側がたくさん刺激を受けても曲がることができないからである、と考えた。しかし、子葉の上半分に透明なガラス管をかぶせておくと、子葉の上半分は曲がれないのに、下半分が光の方へ曲がってきたのが何本かあった。そこで、子葉の上部の片方に細いガラス棒か平らなガラスの破片をニスではりつけ、また何例かは糸で結んでその部分を固定してみた。結果は、全部の芽生えで下側半分が光の方へ曲がってきた。

　そこで彼は、カナリアクサヨシの子葉の上部に光が当たるとそこが下部の曲がり方を制御していると考え、これを確かめるための実験を行った。7本の子葉の先端を約2.5～4.1mm切り取り、残りの部分に1日中横から光を当てたが、曲がらなかった。別の7本の子葉では先端を約1.3mmだけ切り取り、横から光を当てると光の方向へ曲がった。しかし、同じ鉢に育っている他の芽生えほど大きくは曲がらなかった。この最後の例は、先端を切り取っても植物の屈日性運動を妨げるほど深刻な障害は与えないことを示している。彼は9本のカナリアクサヨシの子葉に透明なガラス管をかぶせたが、何もしていない芽生えと同じくらい光の方へ曲がった。19本の子葉にインディアンインクを塗った

ガラス管をかぶせて太陽光を当てたが、そのうちの5本には塗料に小さいひび割れができて光がもれていたので、それは除いた。残る14本の下半分には光が当たっていたにもかかわらず、そのうちの7本はまっすぐで、1本は光の方へかなり曲がり、1本はわずかに曲がった。とにかく曲がった7本は、直立している7本とともに何もしていない芽生えと比較すると、様子が大きく違っていた。それらの10本から黒く塗った管を取りはずし、ランプの光を当てると、そのうち9本は光の方へ大きく曲がり、1本はわずかに曲がった。このことは、前に基部が曲がらなかったりごくわずかしか曲がらなかったのは、上部に光が当たらないようにしていたためであることを明示していた。24本の子葉の先端にすず箔で作った長さ約4～5mmの帽子をかぶせ、光を当てた。24本のうち3本は異常だったので除くと21本残り、そのうちの17本はまっすぐのままで、他の4本はわずかに光の方へ傾いた。この植物が傷害を受けていないことを証明するために、まっすぐな芽生え6本の帽子をとり光を与えたところ、すべて光の方へ曲がった。また8本の子葉に1.5～3.0mmの帽子をかぶせ、光が当たらないようにした。このうち2本はまっすぐのままで、1本はかなり曲がり、5本はわずかに曲がったが、いずれも同じ鉢の何もしていない子葉よりはるかに曲がり方が小さかった。

　次に、長さが13mmより少し長い適度に若い8本の子葉で、先端を少し残し、その下の部分に幅約5mmの短冊形のすず箔を巻いた。先端と基部には横から光を当てた。先端を長さ1.3mmだけ出しておいた4本では、2本の先端が曲がってきたが下部はまっすぐのままであった。残る2本は全長にわたり光の方へわずかに曲がった。他の4本には先端の1.0mmの部分に光を当てたところ、そのうちの3本はかなり曲がり、1本はまっすぐのままだった。同じ鉢の何もしていない芽生えは光の方へ大きく曲がった。

　ガラス管を使った実験や先端を切り取った実験を含めたこれら何組かの実験から、彼は、カナリアクサヨシの子葉の上部に光が当たらないと、下部にいくら光が当たっても屈曲が妨げられる、と考えた。また、先端の1.0～1.3mmの部分は光に敏感で、この部分に光が当たるとその先端は光の方へ曲がったが、下部を曲げる力はほとんどなかった。先端の長さ2.5mmの部分に光が当たっ

ていないと、下部が強く曲がる効果はない。長さ3.8〜5.1mmの部分、すなわち上半分に光が当たらないと、下部に光が十分に当たっていても、何もしない子葉に光が当たったときに見られるようなきれいな屈曲はしない。古い芽生えに比べごく若い芽生えでは、感受性のある部分はかなり下まで及んでいるようである。したがって、芽生えに光を当てると、何かの影響が下へ伝えられて曲がってくるものと考えられる。この考え方は、光の当たらないはずの子葉の地下部分が曲がってくることからも推察がつく。すなわち、カナリアクサヨシの種子をまき、それに細い石英の粒を酸化鉄で包んで作った砂の層を厚さ6.4mmかぶせた。この砂の層は厚さが1.3mmになると晴天でも光を通さなかった。この砂は湿っていると、収縮したりひび割れしたりすることはまったくなかった。この砂で適度に成長した子葉に横から光を当てると子葉は大きく曲がり、光の反対側（陰側）で子葉と砂の間に幅0.5〜0.8mmの半月形のすき間ができた。これは子葉の基部の地下部分が曲がったためにできたものである。光の当たる側では子葉は砂と密接しており、そこでは砂がわずかに盛り上がってきた。子葉の光側の砂を取り除くと、子葉の屈曲部分とすき間は約2.5mmの深さに達しており、そこには光が届いていないのは明らかであった。高さがわずか0.8mmしかない地上へ出たばかりの子葉でも、地下約5mmの所から曲がっていた。彼は、光がこの砂を通過できないことを知っているので、これらでは上部が光を受けて下の埋まっている部分の屈曲を促したに違いない、と述べている。

また彼は、ガラス管を黒く塗り、その側面を縦方向にひっかいて幅のごく狭いすき間（0.25〜0.51mm）を作り、そこからだけ光が当たるようにした帽子を作った。それを子葉の上半分にかぶせ、南西に面した窓の前に置き、すき間が部屋の一方へ斜めに向くようにした。こうした芽生えに光を当てると、およそ8時間後には何もしていない芽生えは窓の方へ大きく曲がったが、ガラス管をかぶせた27本の子葉のうち14本はまっすぐのままだった。他の13本の子葉の下半分は窓に対して斜めに向いてきた。このとき、実験開始前にすき間と同じ方向にピンを立てておいた。すなわち、そちらからだけ小量の光が入ってきたわけである。13本のうち7本は正確にピンの方に曲がり、6本はピンと窓

の中間に曲がってきた。彼は、これはすき間からまっすぐ入る散乱光より斜めに入ってくる自然光がはるかに強かったに違いない、と述べている。

　また、カナリアクサヨシの子葉の下半分の曲がる方向を決定するには、下半分に十分に光を当てておくよりも、上半分にわずかな光を当てておいた方がはるかに効果的であった。この結果を確かめるために、3本のカナリアクサヨシの子葉の片側に先端から5mmの所までインディアンインクを厚く塗り、塗っていない面を窓に対して少し斜めに向くようにして光を当てた。いずれも塗っていない側へ窓から各31°、35°および85°ずれた方向に曲がってきた。子葉全体が光を受けていたが、曲がっているのは基部だけであった。

　彼はマカラスムギでも同様な実験を行い、長さが20mmに少し足らない子葉を選び、6本には6.4mmの、また2本には7.6mmのすず箔の帽子をかぶせ、8時間光を当てた。そのうちの5本はまっすぐのままで、2本は光の方へわずかに曲がり、1本はかなり曲がった。別の4本の子葉には5.1〜5.6mmの帽子をかぶせたところ、1本はまっすぐのままで、1本は光の方へわずかに曲がり、2本はかなり曲がった。同じ鉢の何もしていない芽生えは、いつもみな光の方へ大きく曲がった。

　彼はガラス管は重すぎるのではないかと考え、鳥の羽根の軸が薄く透明なので、それを短く切って実験に用いた。最初13本の何も塗っていない羽根の軸をかぶせたところ、11本は光の方へ大きく曲がり、2本はわずかに曲がったので、ただ単に羽根の軸をかぶせただけでは子葉の下部が曲がるのを妨げはしなかった。次いで、長さ7.6mmの羽根の軸にインディアンインクを塗り、それを11本の子葉にかぶせたところ、7本はまったく曲がらなかった。しかし、3本はいくらか斜めに少し曲がってきたが、これは例外として取り扱うべきものであろう。そして1本だけが光の方へわずかに曲がってきた。次に、長さ6.4mmの羽根の軸にインクを塗り、別の子葉にかぶせた。そのうちの1本だけがまっすぐで、もう1本はわずかに曲がり、残る2本は何もしていない芽生えと同じ程度に曲がった。彼は、このよく曲がった2本については説明がつかない、と述べている。そしてまた、8本の子葉の先端を金箔を作るときのしなやかで透明な腸間膜で包んだが、すべて何もしていない芽生えと同じくらい光の

方へ曲がった。別の9本の子葉の先端もこの膜で包み、その先端の6.4〜7.6mmにインクを塗ったところ、5本はまっすぐのままであったが、4本は何もしていない芽生えとほぼ同じくらい光の方へ曲がった。同様な処理をした別の子葉8本では、5本はまっすぐのままであった。さらに驚いたことに、何もしていない芽生え5本に数時間横から光を当てたが、まっすぐのままであった。マカラスムギでも子葉が光の方へ曲がった後では子葉の陰側と砂の間に半月形のすき間ができており、その幅を4例で測定すると、それぞれ0.2、0.4、0.6および0.6mmあった。これらの子葉は地下の光が届かないくらい深いところから曲がっていた。これらの結果はダーウィンの実験もすべてが完璧ではないことを示しており、不成功に終わった実験結果は無視しがちな我々に、実験の成否にかかわらず正確な記録が必要なことを物語っている。

　彼はキャベツやサトウダイコンでも同様な実験を行い、明確な結果を得ている。そして、胚軸の屈曲が光の届かない深い所まで及んでいることは、光の当たった部分からの影響が伝わって起こったに違いない、と考えている。また、彼はシロガラシの幼根に光を与えたり硝酸銀で腐食したりする実験を行い、この幼根の光に対する感受性は先端に存在すること、および光の刺激を受けると何らかの影響が上へ伝えられ、そこが背日性を示して曲がるようになることを示している。

　これらをまとめて、驚くべきことは、カナリアクサヨシの子葉の上部の片方に狭いすき間からかすかな光を当てると、それが下部の曲がる方向を決めてくることであり、この下部は強い光がいっぱいに当たっている方向へ曲がらないで、ごくわずかしか光が入ってこない斜めの方向へ曲がることである。こうした結果から、彼は、上部に光で活性化される何かの物質があって、それが下部へ伝わることを示しているようである、と言っている。これが後で多くの研究者を刺激し、植物ホルモンの発見を促し、植物の成長生理学の発展に寄与したことはよく知られている。

12.「回旋運動から変わってきた運動：重力刺激による運動」

　この章では、屈地性（重力の方向に成長）、背地性（重力と逆の方向に成長）および横地性（重力に対して斜めの方向に成長）の各運動は回旋運動から変わってきたものであることを述べている。

　背地性運動では、科の異なる植物17種の茎、胚軸、子葉または花柄を傾けて運動を描くと、最初は回旋運動を行っているが、背地性を示して直線的に立ち上がり、その後ジグザグになり、また回旋運動を始める。したがって、回旋運動が変わって背地性運動になり、また背地性運動が変わって回旋運動になることが分かる。これは植物が屈日性運動で光の方を向いて楕円を描くのとよく似ている。

　カナリアクサヨシの子葉の先端を1.8～5.1mm切り取って水平にしたが、何もしていない芽生えと同じくらい上へ曲がった。これは重力刺激に対する感受性は先端にだけ限られているのではないことを示している。

　屈地性運動は背地性運動の逆で、*Trifolim subterraneum*（シャジクソウ属の一種）の花柄や小花柄、またナンキンマメの子房柄などに見られる。また、幼根や気根が地中に入り込むときにたどる経路は、すべてこの運動によっている。第I章で見てきたように、それらはみな回旋運動をしていた。

　横地性運動は、植物に重力が作用すると、その刺激を感じて重力の方向に対していくらか斜めになろうとする運動のことである。第I章で述べたカボチャ属の一種の2次幼根の運動がこれに相当し、確かに回旋運動を行っていた。したがって、回旋運動から変わってきて横地性を示してくる可能性がきわめて高いようである、と述べている。

13.「重力刺激に対する感受性の局在とその影響の伝播」

　チーゼルスキ（Ciesielski）は、エンドウやレンズマメの根端を切除した後、水平にしておいても重力刺激に反応しないが、根冠が再生し成長点が形成され

ると下へ曲がってくることを示し、また根を数時間水平にしておいてまだ下へ曲がる前に根端を切除すると、どんな姿勢にしてもなお重力刺激が続いているかのように曲がるという実験を行ったが、ここではこれを別の方法で追試している。ソラマメの幼根を先端から各0.5、1、1.5および2mm切除し、水平にしておくと、ほとんどが水平のままで、曲がってこなかった。対照の幼根はその時間の半分以下で下方に大きく曲がってきた。最もよく曲がるのは先端から3〜6mmの所であった。彼は、もし先端から何かの影響が伝えられるとしない限り、そこが重力刺激に反応して屈曲する理由はないようである、と言っている。また、彼は、

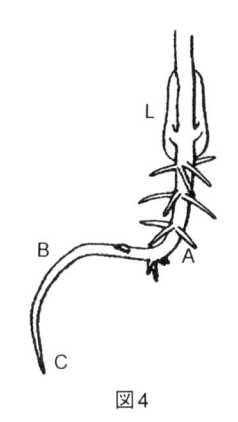

図4

ソラマメの幼根の重力による屈曲。前もって幼根に重力刺激を与えておくと、根端を切除してもAで直角に曲がってきた。L:幼根に重力刺激を与えるときに下にしておいた側。A:垂直に下に向けておいたときに曲がった箇所。B:根端が再生するとまた重力刺激に反応して曲がり出した箇所。C:再生した根端。

発芽したソラマメから垂直に出てきた13〜25mmの幼根を16本選び、ピート上に寝かせ、さらにその上にピートをかけておいた。1時間37分後、先端を1.5mm切除し、ただちに垂直にした。この間にもし何かの影響が屈曲部位まで伝えられていたのなら、以前に重力刺激が働いていた方向へ曲がるものと思われた。6時間後になると、そのうちの12本がそろって幼根を水平にしていたときの下側へ曲がってきた。4〜6日そのまま成長を続け、根端が再生すると重力刺激に反応して垂直に下へ曲がってきた（図4）。反応が現れるのに必要な重力刺激の時間は45分以上であった。結論として、茎や花柄などの背地性運動で見られる重力刺激に対する感受性が先端だけに限られなかったのに対して、根の場合は重力刺激に対する感受性は根端だけにあり、その根端から何かの影響なり刺激なりが隣の部分へ伝えられ、そこが曲がるようになってくる、としている。したがって、根端には接触、湿度および重力に対する感受性が一緒にあることになる。

14.「要約と結論」

　彼は観察と実験を以下のようにまとめている。すなわち、植物は成長を続ける限りどの部分や器官も回旋運動をしている。植物に見られる様々な運動は回旋運動から変わってきたものである。光に対する感受性がイネ科植物では子葉の先端に、またある種の植物では胚軸の上部にあり、そこから何らかの影響が下へ伝えられて、伝えられた部分が光の方へ曲がってくる。葉の睡眠運動は明暗が毎日変化することによって引き起こされ、何種かの植物はある決まった周期で運動する傾向を遺伝的に持っている。葉身はどんな場合でも夜になると上側表面からできる限り熱放散が少なくなるような姿勢を取る。そして最後に、根の先端には重力などの刺激に対する感受性があり、それが隣へ伝えられてそこが曲がってくることから、「このような感知能力を持ち、根端のすぐ上の部分を運動させる能力を持っている幼根の先端は、体の前方にあって感覚器官からの影響を受け取り、それに適応した運動を引き起こす下等動物の脳のような働きをしていると言っても決して言いすぎではないだろう」と結んでいる。

文献

1) C. Darwin, *The Power of Movement in Plants*. John Murray, London, 1882.
2) C. Darwin 著、渡辺仁訳、『ダーウィン植物の運動力』、森北出版、東京、1987.
3) M. Allan 著、羽田節子＋鵜浦裕訳、『ダーウィンの花園』、工作舎、東京、1997.

紙面フォーラム

質問1 高校の生物の教科書に、先端を切除したり不透明な帽子を先端にかぶせたりしたとき、光屈性は起こらない、というダーウィンの実験が掲載されているが、『植物の運動力』でそのようなことが断定的に記載されているのか。20世紀に入ってその実験に対して否定的な論文が発表されているようだが、どちらが正しいのか。

解答1

　彼は、先端を切除したり不透明な帽子をかぶせたりする実験をカナリアクサヨシ、マカラスムギ、キャベツ、サトウダイコンで行っている。本書にはカナリアクサヨシとマカラスムギで行った実験を詳しく紹介したが、彼の実験もすべてがうまくいったわけではない。彼は自らの実験結果を演繹的に解釈して、「（子葉鞘の）上部に光が当たらないと、下部にいくら光が当たっても屈曲が妨げられる」、「上半分に光が当たらないと、きれいな屈曲はしない」、「上部が光を受けて下の埋まっている部分の屈曲を促したに違いない」、「胚軸の屈曲が光の届かない深いところまで及んでいることは、光の当たった部分からの影響が伝わって起こったに違いない」、「上部に光で活性化される何かの物質があって、それが伝わることを示しているようである」、といった言い方をしている。

質問2 いろいろな運動が『植物の運動力』に記載されているが、現在の知見とほぼ合致すると考えてよいのか。

解答2

　ダーウィンが行った実験の事実と観察の結果は、現在の知見と合致する。ただし、硝酸銀を接触させる実験や根端の一方を薄く切り取る実験の解釈は、検討を要する。その他にも、検討を要する実験や解釈もあるように思う。

第2章

屈 性

第1節

本書「動く植物 — その謎解き」の出版に際して、光屈性や重力屈性の研究で世界的に著名なオランダのブルインスマ（J.Bruinsma）教授とイギリスのファーン（R.Firn）教授から御寄稿頂いた。敢えて和訳をせずに原文を掲載する。

1. The origin of the present research on phototropism

Johan Bruinsma

Emeritus professor of plant physiology, Wageningen University,

Wageningen, The Netherlands

Prof. J. Bruinsma

Plant hormones exert large and essential effects on the growth and development of plants, but they do so in very small amounts only. Therefore, in the beginning of phytohormone research only plant organs and tissues were found to be sensitive enough to detect and quantitatively determine these plant substances in plant extracts and diffusates. Using such a bioassay, etiolated coleoptiles of oats, *Avena sativa* L. cv. Victory, Frits Went detected and even determined the relative contents of the first phytohormone, auxin (F. W. Went, 1928).

His experiments with diffusates from oat coleoptile tips led to two main conclusions. First, the tips produce a factor, named auxin, that stimulates growth in the elongation zone of the coleoptile; this was in accordance with the conclusion by Charles Darwin (1880) that in phototropism 'some influence is transmitted from the top to the lower part, causing the latter to bend'. Second, from differences in auxin activity in the diffusates from underneath illuminated and shaded halves of unilaterally illuminated tips, Went concluded that the auxin is laterally translocated within these tips. This agreed with observations by Nicolai Cholodny (1927) on the geotropism of roots and led to the formulation of the unifying Cholodny-Went hypothesis (CWH): 'Growth curvatures, whether induced by internal or external factors, are due to an unequal distribution of auxin between the two sides of the curving organ. In the tropisms induced by light and gravity the unequal distribution is brought about by a transverse polarization of cells which results in lateral transport of auxin' (Went & Thimann, 1937). Later, other phytohormones were discovered, some of which also influencing cell elongation, and for their quantitative determination bioassays were developed as well.

However, the bioassay cannot cope with the possible presence of other factors in the plant extract or diffusate which may modify the biological activity of hormones in a positive or negative way. At least theoretically it might even occur that activity changes in the bioassay are not due to changes in the hormone content but to changing levels of promoting or inhibiting co-factors. For this reason it became urgent to develop physicochemical determination methods for the different hormones.

When I started research at the Plant Physiological Laboratory of what is now

Wageningen University, in 1968, my first aim was to look for a chemist able to develop such physicochemical assays. At the unit for the study of synthetic auxins, under H. Veldstra at Leyden University, I found Erik Knegt who just finished his Ph. D. thesis. His task was to produce, to begin with, a method for the purification and quantitative determination in absolute amounts of the natural auxin, indolyl-3-acetic acid, IAA. Together with his research assistant, Evert Vermeer, he developed a rapid and sensitive method on the basis of the specific conversion of IAA into the highly fluorescent indolo-α-pyrone (Stoessl & Venis, 1970); by adding ^{14}C-IAA to the initial extracts and determining the remaining radioactivity, absolute amounts of IAA in extracts from 0.05-5 g fresh weight could be calculated (Knegt & Bruinsma, 1973). This method, determining IAA in ng quantities, was widely accepted in the early seventies.

The first plant-physiological object was to give a solid base for the role of auxin as proposed by the CWH. In stead of the etiolated oat coleoptile we preferred the green hypocotyl of sunflower, *Helianthus annuus* L., much used in phototropic studies, because it provides more plant material for extraction and was easier to divide longitudinally into illuminated and shaded halves.

The first results of this study were among the dullest we ever obtained: longitudinal halves before, during and after curvature towards a lateral blue-light source, illuminated, shaded, or from dark controls, invariably showed the same IAA-content in their extracts, about 50 ng per g fresh weight. Their diffusates contained after 6 h hardly any IAA; ca. 1 ng per plant according to the *Avena* bioassay after Nitsch & Nitsch (1956), but only 0.05 ng per plant in the chemical test (Bruinsma *et al.*, 1975). If IAA is the natural hormone, this points, on the one hand, to the lateral and longitudinal the possible role of growth-inhibiting substances in phototropism (Bruinsma, 1977). This possibility existed since Blaauw (1915) found reduction in growth rate of, e. g., etiolated *Helianthus globosus* seedlings in white light and, with unilateral illumination, an agreement between their phototropic curvature and the light distribution in diagonal hypocotyl sections. To our further research also contributed the Ph.D. student, Hanneke Franssen, and post doc research fellows from abroad on half year terms.

In contrast to cereal seedlings, dicotyledonous seedlings only respond with phototropic curvature to unilateral illumination in the green, de-etiolated state (Franssen & Bruinsma, 1980), because chloroplasts are essential for the absorption of the actinic radiation (Jin et al., 2001); etiolated seedlings cannot respond. White light is slightly more effective than blue, whereas red and far-red are ineffective when applied alone. Also, the top of the plant, cotyledons and plumula, do not affect the bending response, while covering the hypocotyl of the intact seedling with aluminum foil prevents any curvature (Franssen & Bruinsma, 1980). Apparently, the phototropic response is only locally perceived, there is no role for any longitudinal transport. Moreover, the degree of curvature is independent of the rate of hypocotyl elongation, the former can be changed without affecting the latter, and vice versa (Bruinsma et al., 1980; Franssen & Bruinsma, 1981). All these data conflict with the CWH, whereas they agree with the findings of Blaauw.

The British guest worker, Andy Thompson, tried to isolate and identify the growth inhibitor(s) from light-grown sunflower seedlings. He used a modified seed germination test after Taylor & Burden (1970) with cress (*Lepidium sativum* L., cv. Holland Grof), next to the *Avena* bioassay after Nitsch & Nitsch (1956). In the neutral diethyl ether fraction of the extracts he detected inhibitory material(s) that hardly occurred in dark-grown plants. In all paper, thin layer, and high pressure liquid chromatograms the material partitioned in the same way as authentic xanthoxin (Thompson & Bruinsma, 1977). Jane Shen-Miller et al. (1982) reported from our laboratory that, in contrast to IAA, abscisic acid (ABA), and *trans*-xanthoxin, the labile *cis*-xanthoxin occurred in the lighted halves of phototropically stimulated green sunflower hypocotyls in nearly three times higher concentrations than in the shadow halves: 2.4 and 0.9 ng per g fresh weight, respectively. Franssen & Bruinsma (1981) found similar data and concluded that this inhibitor is produced *in situ*, dependent upon the lateral light gradient, and causes curvature by gradual inhibition of the activity of IAA, the concentration and translocation of which is not affected by illumination.

However, external application of xanthoxin failed to induce curvature and the amounts of xanthoxin found by the above-mentioned authors could differ one order of magnitude. Therefore, we welcomed the presence, from September 1982 to March 1983, of the renowned investigator of plant inhibitors, Koji Hasegawa. He should perform a more precise analysis of the sunflower inhibitor (s). To our great surprise, he showed beyond doubt that light induces the formation of caprolactam, the precursor in the fabrication of nylon (perlon), which had not yet been found in nature. The substance inhibits hypocotyl growth of cress seedlings at and above 100 mg per 1 (Hasegawa, Knegt & Bruinsma, 1983). Hasegawa studied the xanthoxin-like inhibitor further at his laboratory in Japan. He returned to our laboratory from August to December 1990, now to study light-induced inhibitors in diffusates from *Avena* coleoptile tips. He found two inhibitors that were further analyzed in Japan.

From that visit on the emphasis of the study on IAA and its inhibitors in phototropism shifted to the laboratory of professor Hasegawa at the University of Tsukuba. With his team he broadened the scope of research to include all plant species that had hitherto been studied for their phototropic behavior. It involved both the dicot hypo- and epicotyls with their complicated anatomical structures and the cereal coleoptiles with their intricate responses to the light intensity. Particularly, he checked the results of the earlier *Avena* experiments on which the CWH was based and achieved quite remarkable results. I am grateful that I still have been co-operating from the side-line with suggestions, discussions, and preparation of manuscripts. We also published reviews together (Bruinsma & Hasegawa, 1989, 1990).

These studies show unambiguously that in all plant species under investigation lateral light has no influence on the concentration or translocation of endogenous IAA. However, it locally evokes a lateral gradient of substances that inhibit the action of auxin. This has also been demonstrated at the cellular and molecular levels. The details are discussed in chapter 2, paragraph 2 of this book. It is this lateral gradient that, by differential cell elongation, causes the stems and coleoptiles to bend.

Of the CWH, nothing remains in phototropism but perhaps the variant that auxin sensitivity in stead of concentration plays a role. In the gravitropism of roots, the hypothesis is also at stake (Trewavas, 1992). Not only the nicely unifying theory has come to an end; the comprehensive research at Tsukuba University shows that in different plant species it is every time different substances that inhibit IAA activity. Unity has become a multiple.

Now that the picture of natural substances determining the phototropic response is becoming clear, it is the right time to re-write the story of phototropism in plants. This is particularly pressing because most textbooks of biology and of plant physiology still refer to the obsolete CWH. Professor Hasegawa has to be esteemed for his initiative to fit this up-to-date story within the whole framework of plant movements. The outstanding results of his research, leading to quite new insights, may well inspire other research workers to turn their interest towards this nowadays rather neglected part of plant physiology. Nearly all plant movements are under hormonal control. The required checking of hormonal bioassays by qualitative and quantitative chemical determination of all natural factors involved may here, too, lead to proper new insights into the mechanism of plant movements.

Blaauw A. H. (1915) Licht und Wachstum. II . Z. Bot. 7, 465-532.
Bruinsma J. (1977) Hormonal regulation of phototropism in dicotyledonous seedlings. In: P. E. Pilet, Plant Growth Regulation, Springer Verlag, Berlin Heidelberg, 218-225.
Bruinsma J., Franssen J. M & Knegt E. (1980) Phototropism as a phenomenon of inhibition. F. Skoog, Plant Growth Substances 1979, Springer Verlag, Berlin Heidelberg, 444-449.
Bruinsma J. & Hasegawa K. (1989) Phototropism involves a lateral gradient of growth inhibitors, not of auxin. Envir. Exp. Bot. 29, 25-36.
Bruinsma J. & Hasegawa K. (1990) A new theory of phototropism - its regulation by a light-induced gradient of auxin-inhibiting substances. Physiol. Plant. 79, 700-704.
Bruinsma J., Karssen C.M., Benschop M. & Van Dort J. B. (1975) Hormonal regulation of phototropism in the light-grown sunflower seedling, *Helianthus annuus* L.: Immobility of endogenous indoleacetic acid and inhibition of hypocotyl growth by illuminated cotyledons. J. Exp. Bot. 26, 411-418.
Darwin C. (1880) The power of movement in plants. John Murray, London.
Franssen J. M. & Bruinsma J. (1980) Effects of different wave-lengths on phototropic sensitivity of sunflower *Helianthus annuus* seedlings. Phytomorphology 30, 344-358.
Franssen J. M. & Bruinsma J. (1981) Relationships between xanthoxin, phototropism, and

elongation growth in the sunflower seedling *Helianthus annuus* L.. Planta 151, 365-370.

Hasegawa K., Knegt E. & Bruinsma J. (1983) Caprolactam, a light-promoted growth inhibitor in sunflower seedlings. Phytochem. 22, 2611-2612.

Jin X., Zhu J. & Zeiger E. (2001) The hypocotyl chloroplast plays a role in phototropic bending of *Arabidopsis* seedlings: developmental and genetic evidence. J. Exp. Bot. 52, 91-97.

Knegt E. & Bruinsma J. (1973) A rapid, sensitive and accurate determination of indolyl-3-acetic acid. Phytochem. 12, 753-756.

Lam S. L. & Leopold A. C. (1966) Role of leaves in phototropism. Plant Physiol. 41, 847-851.

Nitsch J. P. & Nitsch C. (1956) Studies on the growth of coleoptile and first internode sections. A new sensitive straight-growth test for auxins. Plant Physiol. 31, 94-111.

Reisener H. J. (1958) Untersuchungen über den Phototropismus der Hafer-Koleoptile. Z. Bot. 46, 474-505.

Shen-Miller J. & Gordon S. A. (1966) Hormonal relations in the phototropic response. III. The movement of C^{14}-labelled and endogenous indoleacetic acid in phototropically stimulated *Zea* coleoptiles. Plant Physiol. 41, 59-65.

Shen-Miller J., Knegt E., Vermeer E. & Bruinsma J. (1982) Purification and lability of *cis*-xanthoxin, and its occurrence in phototropically stimulated hypocotyls of *Helianthus annuus* L. Z. Pflanzenphysiol. 108, 289-294.

Stoessl A. & Venis M. A. (1970) Determination of submicrogram levels of indole-3-acetic acid. Anal. Biochem. 34, 344-351.

Taylor H. F. & Burden R. S. (1970) Xanthoxin, a new naturally occurring plant growth inhibitor. Nature 227, 302-304.

Thompson A. G. & Bruinsma J. (1977) Xanthoxin: a growth inhibitor in light-grown sunflower seedlings, *Helianthus annuus* L. J. Exp. Bot. 28, 804-810.

Trewavas A. J., ed. (1992) What remains of the Cholodny-Went theory? Plant, Cell and Environment 15, 761-794.

Went F. W. (1928) Wuchsstoff und Wachstum. Rec. Trav. Bot. Neerl. 15, 1-116.

Went F. W. & Thimann K. V. (1937). Phytohormones. MacMillan, New York.

2. Roots bend down and shoots bend up? Sorry Cholodny and Went but that is not true.

Richard D Firn and John Digby

Department of Biology, University of York, York, UK

Prof. R. D. Firn

Introduction

"*These researches, which are grouped around a central idea, allow us to approach step by step to the solution of one of the most interesting problems in plant physiology. From the standpoint of the history of science, the present state of the problem is of the greatest interest. Gradually there emerges from a chaos of facts the splendid form of a theory which promises to unite and co-ordinate, in the very near future, the enormous mass of varied experimental data into a single principle.*" (Cholodny, 1927)[1].

Cholodny was certainly right about the impact that the theory, to which he contributed his name, would have on plant physiology (if not science). However, the "splendid" aspect of the theory might now be seen to have come from its contribution to the discovery of the first plant hormone (auxin) and not from its ability to provide a satisfactory model of gravitropism. Indeed, by helping Went lay the foundations of hormonal control in plants so confidently, and in a way that inspired generations of plant physiologists, Cholodny may have distracted attention away from the very clear deficiencies of the model[3, 4, 6, 7]. This short analysis of the Cholodny-Went[1] model seeks to emphasize a single fundamental deficiency of the model as an explanation of gravitropism. It will be shown that the model was based from the outset on an erroneous, simplistic description of gravitropism.

[1]There is of course no longer a single Cholodny-Went model[7] but none of the variants address the deficiency discussed in this article.

Roots do not always grow down and shoots do not always grow up

In the very young seedlings of most species, the young radical grows downwards and the young shoot grows upwards. Such seedlings have become the model experimental system for studying gravitropism. However, the gravitropic responses seen in such seedlings are not typical of all gravitropic responses. If experimentalists confine their experiments and thinking to such simple systems alone, they are lacking some of the necessary information needed to build a complete model of gravitropism. This fact was well known by the time that Cholodny and Went were studying gravitropism. For example, Rawitscher (1932)[8], in his sadly neglected 420 page monograph on plant gravitropism, provided descriptions of gravitropic responses in a wide range of organs which would have challenged the universal model of Cholodny-Went at its inception. Central to the Cholodny-Went model was the proposal that auxin moved downwards in all gravitropically responsive organs but that in roots the greater auxin concentration at the lower side inhibited elongation while in shoots the increase in auxin concentration promoted elongation at the lower surface. It was the proposition that roots and shoots shared a common gravitropic mechanism, but cell elongation responded in opposite ways in roots and shoots, that gave the model its most attractive unifying theme. Sadly, it is not true that roots always bend down and shoots always bend up.

The Gravitropic Setpoint Angle

The Gravitropic Setpoint Angle (GSA) is the term used to denote the angle with respect to gravity at which an organ normally grows[2, 5]. Young radicals usually have a GSA of approximately 0° and young shoots normally have a GSA of 180° (Figure 1).

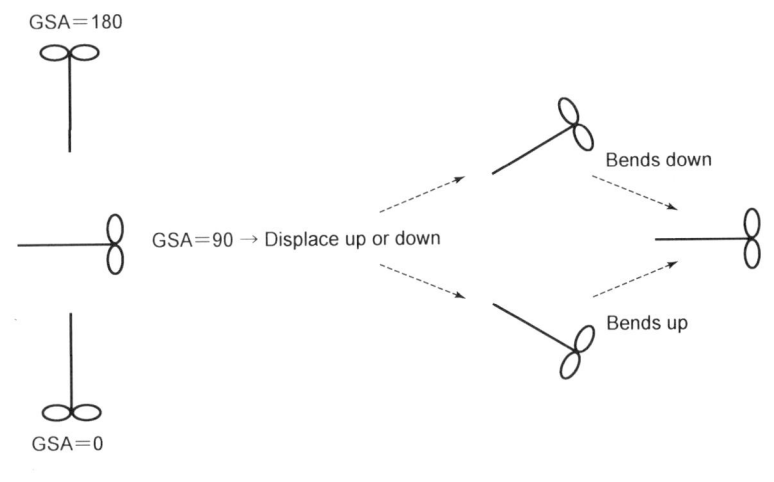

Figure 1

Shoots can be found which grow at various angles with respect to the gravity vector. If the main axis is maintained by gravitropism vertically, the shoot has a Gravitropic Setpoint Angle (GSA) of 180°. A shoot growing vertically down has a GSA of 0°. A horizontal shoot has a GSA of 90°. Gravitropism restores a shoot to its characteristic GSA and the direction of organ movement is not directly related to the direction of the gravity vector.

However it is clear that organs with such extreme GSAs, while experimentally convenient, represent the extremes of a continuum and it is organs with GSAs > 0° and < 180° that can reveal crucial evidence about the control of gravitropism. Many organs can not only vary their GSA dramatically during development but they can also change their GSA, reversibly, in response to environmental changes. Thus, a *Tradescantia* node in a light-grown plant, initially has a GSA of 180° but as it matures over a period of weeks, it reduces its GSA to 0°. If a node that has reduced its GSA to approximately 145° is displaced downwards, a gravitropic response will be induced and the node will be moved

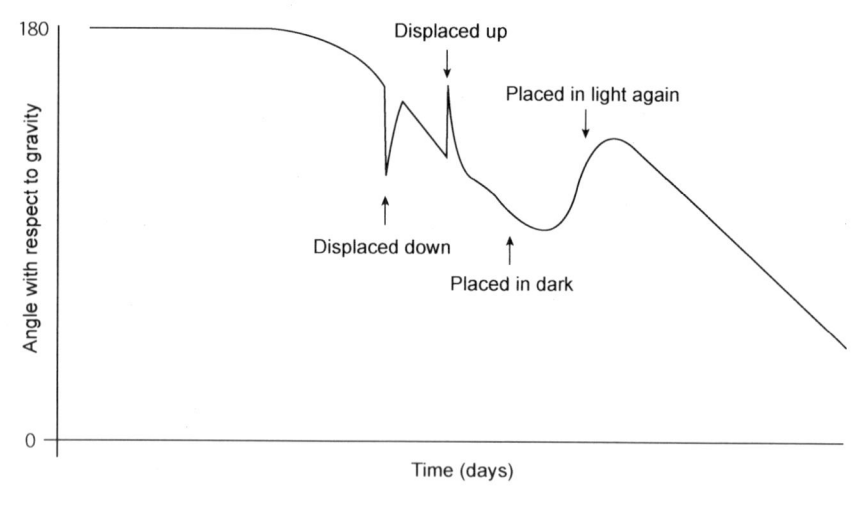

[Figure: graph with y-axis "Angle with respect to gravity" from 0 to 180, x-axis "Time (days)". Curve annotated with "Displaced up", "Placed in light again", "Displaced down", "Placed in dark".]

Figure 2

A diagrammatic representation of the gravitropic behavior of a Tradescantia node during development and after gravitropic stimulation or after changing its light regime. The data is a composite of observations made in published studies[2].

up to its GSA. If the same node is displaced upwards it will be driven *downwards* by gravitropism. If the node is placed in darkness, its GSA increases and gravitropism will move it *upwards* towards 180°. If light is applied once again, the GSA declines and gravitropism moves the node *down*. (Figure 2). Therefore, this organ is capable of an upward or a downward movement in response to the same gravitropic stimulus. Not only are the terms "positive" and "negative" gravitropism meaningless but it is clear that this organ would be regarded, in Cholodny-Went terms, as being a root at one moment and a shoot at the next. It could be argued however, that a *Tradescantia* node is so unlike a maize root or an oat coleoptile that it should be ignored. But, it is harder to dismiss the analogous gravitropic behavior of a lateral root, a root which looks rather similar to the primary root commonly used as a model systems. Lateral roots usually have a GSA of 50-80° when they emerge from the primary roots but the GSA can decline as they elongate. In this way the lateral root grows out beyond the exploration zone of the older roots before turning downward. Lateral roots, when displaced from their GSA will move downwards by means of gravitropism if displaced upwards and they will move upwards if moved down. Thus it is clear that even within a young seedling, the Cholodny-Went model had to ignore the much more common behavior of the multiple lateral roots and concentrated only on explaining the extreme behavior of the primary root (which has a GSA that is at the end of the continuum hence can only show one type of response-downward curvature).

Directional movement of a growth regulator?

Clearly, in an organ with a GSA of say 90°, an upward displacement of will cause a downward gravitropically induced movement but a downward displacement will cause the organ to move upwards gravitropically. Why would the movement of auxin to the lower flank in the former ease cause growth inhibition and in the latter ease growth acceleration? The simple C-W model fails. The model provides an explanation of organs which have extreme GSAs (0 or 180°) because such organs can only show one direction of organ movement, irrespective of the direction of re-orientation - they are a special case not the norm.

1) *Cholodny N.* 1927. Wuchshormone and Tropismen bei den Pflanzen. Biol. Zentralbl. *47*, 604-626.
2) *Digby J, Firn RD.* 1995. The gravitropic set-point angle GSA: the identification of an important developmentally controlled variable governing plant architecture. Plant, Cell and Environment *18*, 1434-40.
3) *Firn RD.* 1992. What remains of the Cholodny-Went theory? Which one? Plant, Cell and Environment *15*, 769-70.
4) *Firn RD, Digby J.* 1980. The establishment of tropic curvatures in plants. Annual Review of Plant Physiology *31*, 131-48.
5) *Firn RD, Digby J.* 1997. Solving the puzzle of gravitropism - has a lost piece been found? Planta 203, S159-S163.
6) *Firn RD, Myers AB.* 1987. Hormones and plant tropisms. The degeneration of a model of hormonal control. In: Hoad GV, Lenton JR, Jackson MB, Atkin RK, eds. Hormone Action in Plant Development. London, Butterworth, 251-64.
7) *Firn RD, Wagstaff C and Digby J.* 2000. The use of mutants to probe models of gravitropism. Journal of Experimental Botany 51, 1323-1340.
8) *Rawitscher F.* 1932. Der Geotropismus der Pflanzen. Gustav Fischer, Jena.

第2節　光屈性

1. はじめに

　植物の運動のうち、環境刺激の方向に対して一定の運動を示す現象を屈性（tropism）といい、刺激の方向とは無関係に一定の運動を示す現象を傾性（nasty）という。屈性の代表的な現象として光屈性、重力屈性や接触屈性などが、傾性の代表的な現象として就眠運動や花の開閉運動などがあげられる。本節で取り上げるのは、フィッティング（H.Fitting, 1906年）によってphototropism（photoは光、tropismは屈性を示す）と名づけられた、「光屈性」（図1）についてである。高校の生物の教科書や一部の専門書には「屈光性」と書かれているが、本稿ではphototropismをそのまま訳して光屈性と呼ぶ。

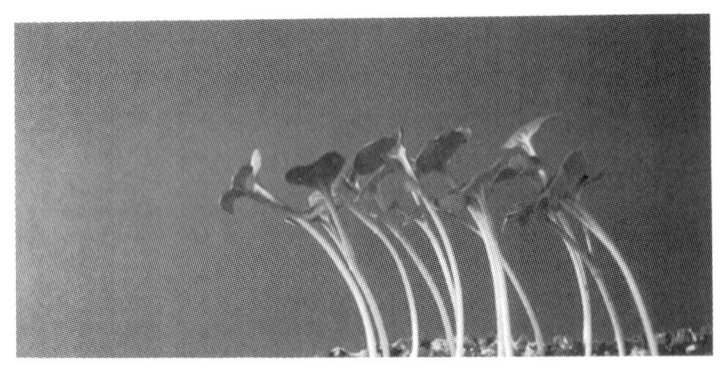

図1　光屈性（ダイコン芽生えに左方向から青色光を与えた）

　光の方向に屈曲・成長する現象である光屈性は、形態的には光が照射される側（光側）とされない側（影側）の成長速度の差によって起こる。この光・影側組織における偏差成長（不均等な成長）の仕組みは、大きく次のように解釈することができる。
　① （暗黒下における成長と比較して）影側組織の成長が促進される。

② 光側組織の成長が抑制される。
③ ①と②が同時に起こる。

　高校の生物の教科書や多くの専門書に記述されているのは、主に③である。この仕組みを説明する仮説をコロドニー・ウェント説（Cholodny-Went theory, 1937年）[1]（図2）といい、以下のように説明される。「一方向からの光が植物の先端部で感受されると、その部分で植物ホルモンのオーキシン（auxin）が光側から影側に横移動する。その後、先端部から実際に屈曲が生じる下部に極性移動をする。その結果、成長促進活性を示すオーキシンが光側組織で減少することにより、光側組織の成長が暗黒下組織の成長と比較すると抑制され、逆に影側組織の成長は増量するオーキシンによって促進される。これによって生じる光側組織と影側組織の偏差成長が光方向への屈曲を生む」。教科書にはこの説とともに、その根拠として、ダーウィン（C.Darwin）の実験[2]、ボイセン・イェンセン（P.Boysen-Jensen）の実験[3]およびウェント（F.W.Went、ベントとも発音されるが本稿ではウェントと呼ぶ）の実験[4]が図解入りで解説されている（図3）。

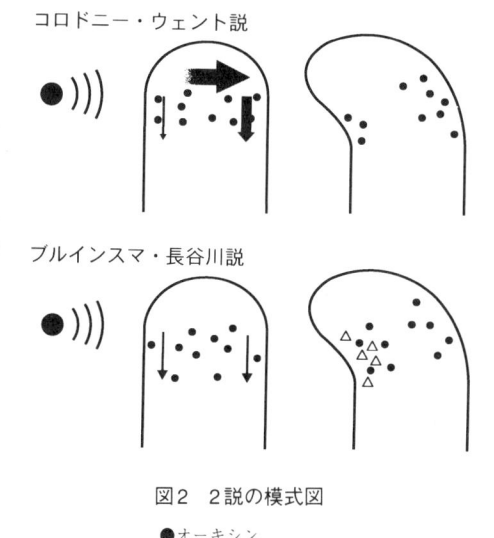

　コロドニー・ウェント説では、光屈性反応時におけるオーキシンの不均等分布が生物検定によって調べられているが、ブルインスマと長谷川は近年目覚しい発展を遂げた機器分析を用いてオーキシン量を測定した結果、光屈性に伴うオーキシンの横移動はまったく起こらないことを見いだし、さらに「一方向からの光によって、光側組織でオーキシン活性を抑制する物質が生成され、光側の成長抑制が引き起こされて光側へ屈曲する」という説を提唱した（ブルイン

図2　2説の模式図
●オーキシン
△オーキシン活性抑制物質

スマ・長谷川説（Bruinsma-Hasegawa theory）、1990年）[5]。（前頁②の仕組み。影側の成長促進①は起きておらず、重要な反応のすべてが光側組織で行われるとしている。）

　以来、コロドニー・ウェント説について、様々な意見が出された。要約すると、①完全に正しい、②正しいが十分ではない、③訂正されるべきという

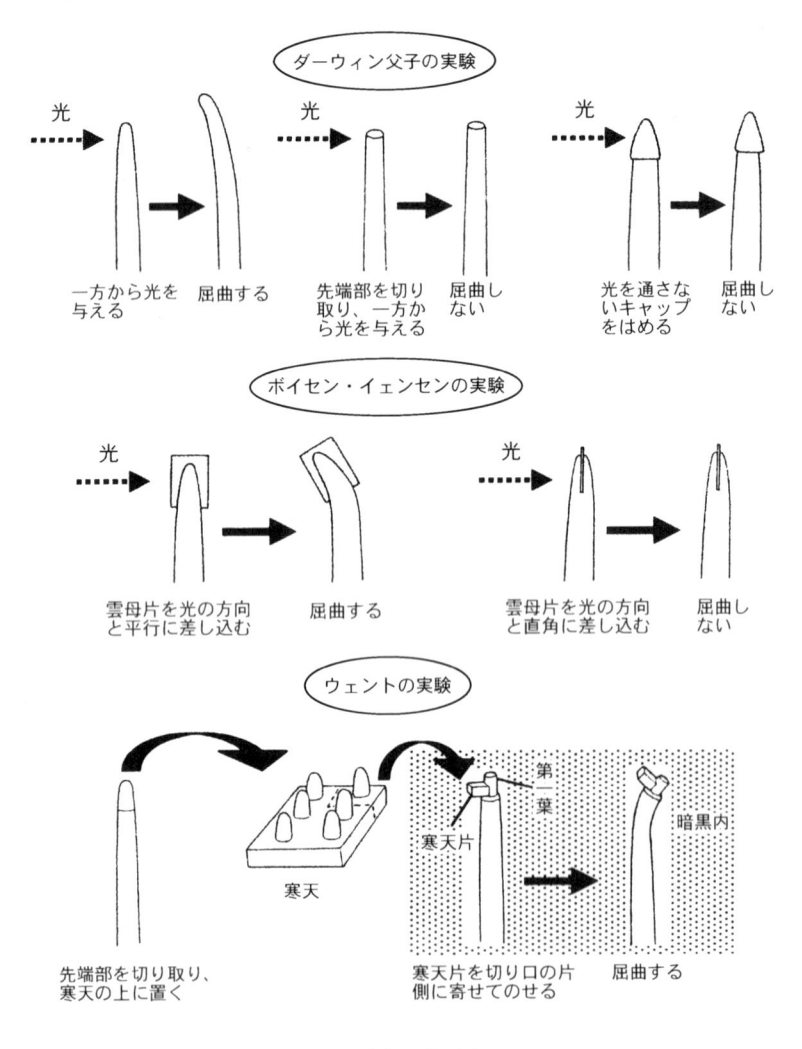

図3　高校の教科書

ことになり、未だに決着を見ていないが、高校の生物の教科書や多くの専門書には依然として、コロドニー・ウェント説が光屈性のメカニズムの説明に断定的に記述されている。

しかし、前に述べたように結論は得られていない。その原因はどこにあるのか。本節では、1世紀余りに渡って展開されてきた光屈性の研究史上、特に節目となる研究を紹介し推移を追う。

2. 光屈性の研究の歴史 — コロドニー・ウェント説[1]からブルインスマ・長谷川説[5]まで

(1) ダーウィン父子（C.Darwin & F.Darwin）の実験[2]

メビウス（Möbius, 1937年）によれば、光屈性に関して確認される最初の記述は、デ・バロ（De Varro, B.C.+100年）によるものである。当時は屈日性 heliotropism と呼んだこの研究は、17世紀から18世紀にかけては、温度や水分の蒸発と関係があると言われてきた（一方向からの光刺激によって光側組織の水分量の減少が起こると考えている研究者は現在でも存在する）。しかし、本格的な光屈性の研究は、ダーウィン父子の "The Power of Movement in Plants" に始まったといっても過言ではない（第1章参照）。

彼らは地中海沿岸に自生するカナリアクサヨシ（単子葉植物。カナリアがよく食べていたことから名づけられたと言われている）の芽生えを使って、その先端に光が当たらないように、先端を切除したり、先端に不透明な帽子を被せた場合に光屈性が起こらないことを見いだし（図3参照）、この結果から「先端が光を感受し、何らかの因子が先端から下部に移動することによって、下部が屈曲する」と解釈した。ダーウィンの実験の是非については後述するが、植物の光屈性を動物の神経伝達機構と対比させて考察したかったようである。

(2) ブラウ（A.H.Blaáuw）の説

光屈性が光側組織の成長抑制によって引き起こされる可能性が、すでにこ

の時点において、ブラウ（1915年）によって唱えられている。彼の説は後に柴岡らの研究（1961年）やブルインスマ・長谷川説の誕生に重要な指針を与えることになるが、最初の植物ホルモン・オーキシンの発見に伴い誕生したコロドニー・ウェント説の出現によって次第に忘れ去られてしまった。

(3) パール（A.Paál, 1919年）の実験とボイセン・イェンセン（P. Boysen-Jensen, 1926年）の実験[3]

パールやボイセン・イェンセンらは、光屈性が化学物質によって制御されるという興味ある論文を発表した。パールは、アベナ幼葉鞘（芽生え）の先端と下部の間に薄い寒天片を差し込んだときに観察された光屈性が、間に金属片を差し込んだときには起こらなかったことから、寒天片を通過する化学物質が光屈性に重要な役割を演じていると解釈した。ボイセン・イェンセンらも光屈性に関して多くの重要な実験を行っている。雲母片（物質の移動を妨げる目的で使用）を差し込んだアベナ幼葉鞘の先端部に対して水平あるいは垂直に光を照射したとき、前者では屈曲が見られたが、後者では屈曲が見られなかったという（図3参照）。このことから、先端部の光側と影側組織の間で化学物質（後のオーキシン）が横移動することによって、光屈性が引き起こされると解釈した。

これらの実験をさらに発展させたのがウェントである。

(4) ウェント（F.W.Went, 1928年）の実験[4]

彼はアベナの先端部から拡散してくる物質を寒天片に集め、その寒天片を先端部を切除したアベナの芽生えの片側に載せたところ、載せた側と反対方向に屈曲することを見いだした（図3）。この生物検定法はアベナ屈曲試験といわれ、現在でも植物ホルモン・オーキシンの活性試験に使われている。彼はまた、図4のような実験を行った。ア

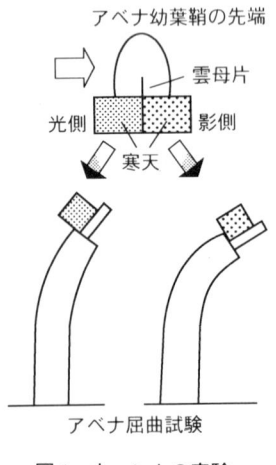

図4　ウェントの実験

ベナ芽生えに片側から光を照射し、先端部を切り取り、雲母片で仕切った寒天片の上に光側と影側組織に分かれるように差込み、しばらくの間暗黒下に置く。その後、この光側と影側の寒天片のそれぞれをアベナ屈曲試験にかけたところ、影側の方が光側より大きな屈曲を示したことから、成長を促進する物質（屈曲を引き起こす物質、後のオーキシン）が光側から影側組織に移動することによって屈曲すると解釈した。

(5) 植物ホルモン・オーキシンの発見

ウェントと同じオランダのユトレヒト大学にいた有機化学者のケーグル（F. Kögl）（妊婦の尿から性ホルモンを取り出そうとしていたのではないかと言われている）がウェントの考案したアベナ屈曲試験で活性を示す物質をオーキシン（auxin、ギリシャ語のauxeinにちなんで命名）と名づけ（1931年）、

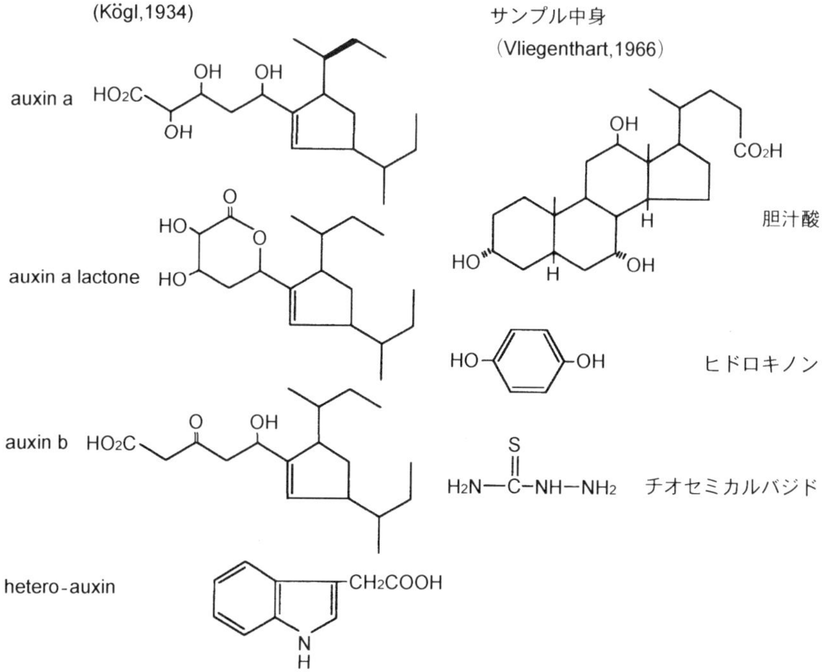

図5　オーキシンの化学構造

人の尿から数種類のオーキシンを取り出し、それらの化学構造を決定した（図5、1934年）。しかし、これらの物質のうち、ヘテロオーキシン（heteroauxin、現在のインドール酢酸）を除いた物質はまったく存在しないことがケーグルの没後、ブリューゲントハルトら（J. A. Vliegenthart and J. F. G. Vliegenthart, 1966年）や松井と中村（1966年）によって明らかにされ、ケーグルらの報告したデータが疑問視された。後の項で詳細に述べるが、この問題は光屈性にまつわる奇妙な物語の序章であったように思えてならない。

(6) コロドニー・ウェント説の誕生

オランダからインドを経由してアメリカに渡ったウェントは、一方向からの光照射によって、芽生えの先端部においてオーキシンが組織内を光側から影側へと横移動し、光側組織のオーキシン量が減少し、逆に影側組織のオーキシン量が増加することで光側へ屈曲すると解釈した。同様な解釈は重力屈性（第3節参照）にも当てはまることが、すでにコロドニー（N. Cholodny, 1927年）によって示されていたことから、ウェントとチマン（K. V. Thimann）は光屈性と重力屈性はいずれもオーキシンの分布の偏りによって引き起こされるという、コロドニー・ウェント説（Cholodny-Went theory, 1937年）を提唱した[1]。ウェントの流れを汲むブリッグス（W. R. Briggs, 1957年）はトウモロコシを用いて、光屈性がオーキシンの不均等な分布によって引き起こされることをアベナ屈曲試験で明らかにし、コロドニー・ウェント説を支持する論文を発表した。

オーキシンの移動を調べる方法として、放射能でラベルしたインドール酢酸を植物体に取り込ませ、光照射した後に組織内に移動したインドール酢酸の放射能の分布変化を測定する方法がある。ピッカード（G. B. Pickard）とチマン（1964年）はラベルしたインドール酢酸をトウモロコシ幼葉鞘の先端に与え、光屈性に伴う光側と影側組織における放射能の分布を調べた。その結果、影側に光側の2倍以上の放射能が検出されたことから、外から投与したインドール酢酸も光側から影側に移動するとして、コロドニー・ウェント説を支持した。しかし、この放射能を用いた同様な実験がライゼネル（H. J.

Reisener, 1958年) やシェン・ミラーとゴードン (J. Shen-Miller and A. Gordon, 1966年) らによっても行われたが、ピッカードとチマンの結果と異なり、光側と影側でほとんど放射能に差がないことが報告された。ところが、彼らの論文にはピッカードとチマンのデータに対する反駁や、コロドニー・ウェント説に対する疑問の言葉は一言も書かれていない。なお、最近筆者らもアベナ幼葉鞘を用いて光屈性に伴う放射能でラベルしたインドール酢酸の光・影側の分布について検証した結果、インドール酢酸の横移動はまったく起こらないことを明らかにしている。

このようにいくつかの疑問があるが、有力な反論が出なかったこともあり、コロドニー・ウェント説があたかも定理のように光屈性を説明する唯一の説として確立されるようになった。実は、ここまでの出来事の大半は既版の他の専門書にも書かれていることであるが、いよいよここからが本節の主題となる。

(7) ブルインスマ・長谷川説[5]

コロドニー・ウェント説は、光屈性や重力屈性がオーキシンの横移動に起因する偏差成長によって引き起こされるという、非常に分かりやすく、きわめてエレガントな説である。読者の中には、どこに論争の余地があるのか、と思われる人もおられるだろう。少なくとも1970年代の前半までに生物学や植物生理学を学ばれた人は、この説を信じてやまなかったと推測される。しかし、コロドニー・ウェント説の基盤となるウェントの実験やブリッグスの実験はアベナ屈曲試験という生物検定法を用いてオーキシン量を算定している。もし、オーキシンだけを生物検定法にかけているのであれば問題はない。ところが、彼らはアベナやトウモロコシの幼葉鞘から寒天片に拡散してきた物質を精製せずに、直接生物検定法にかけている。オーキシンのほかに、オーキシンの活性を抑える物質が拡散物に混在していたとすると、生物検定法で測定される活性はオーキシンとその抑制物質の総和で出てくるもので、決してオーキシンだけの量を示すことにはならないということになる (図2、4参照)。したがって、サンプルを精製し、インドール酢酸だけを測定する分

析技術の開発が、この問題を解決できる唯一の方策と考えられる。

1）光誘起成長抑制物質（光屈性制御物質）を探る研究

本書に寄稿された（第1節参照）ブルインスマとクネヒト（E. Knegt）らは世界に先駆けて、植物中のインドール酢酸量をHPLCで分離・精製した後に機器分析（インドロ-α-パイロン法 indolo-α-pyrone method：インドール酢酸を強い蛍光を発するインドロ-α-パイロンという物質に変えてその蛍光を測定する方法）によって測定する方法を考案し、ヒマワリ芽生え（下胚軸）の光屈性に伴うインドール酢酸量の分布を測定した。その結果、驚いたことにはインドール酢酸量は光側と影側組織でまったく均等に分布していたのである（1975年）[6]。この論文はこれまで信じられてきたコロドニー・ウェント説に真っ向から衝突するものである。彼らは同時に、ヒマワリの光屈性は中性の光誘起成長抑制物質が光側で生成されることによって光側組織の成長抑制が起こり、光側に屈曲することも発表した。ちなみに、当時この物質はキサントキシン（xanthoxin）であると考えられたが、その後キサントキシンではなく8-エピキサンタチン（8-epixanthatin）であることが判明した[7]（本節第3項参照）。しかし、多くの専門書には未だにヒマワリの光屈性制御物質はキサントキシンであると記述されている。

「光屈性はオーキシンの不均等な分布ではなく、光誘起成長抑制物質の光側組織での生成によって引き起こされ、コロドニー・ウェント説では説明できない」というブルインスマらの論文は、かつてのブラウの説に近いものであり、当時の世界中の植物生理学者、特に植物ホルモンの研究者に大きな衝撃を与えた。次いで、呼応するかのようにコロドニー・ウェント説に疑問を呈したのが、ファーン（R. Firn、第1節参照）らである。彼ら（1980年）はたとえオーキシンの横移動が起こったとしても、ウェントらがかつて示したオーキシンの光・影側のわずかな分布差（影側のオーキシン量が光側の2～3倍）では、光屈性は起こらないという論文を発表した[8]。

ところが、このような論文に対してコロドニー・ウェント説の支持者からは痛烈な反論が浴びせられた。ピッカード（1985年）はブルインスマらが開

発したインドロ-α-パイロン法はインドール酢酸に特異的な方法でないことや、植物材料がヒマワリであり、ウェントやブリッグスなどが用いたアベナやトウモロコシといった単子葉植物でないことから、コロドニー・ウェント説は揺るがないとしてブルインスマらの論文を強く批判した。ファーンらの論文に対しては、マクドナルドとハート（U. R. MacDonald and J. W. Hart, 1987年[9]）がオーキシンに感受性の高い表皮組織におけるオーキシン量が問題であるので、刺激側とその反対側に2分した場合は量的にその差が小さくとも十分説明できるとして、コロドニー・ウェント説の妥当性を力説した。

こうして再び定説としての座を挽回したコロドニー・ウェント説に対して、留学先のオランダ（ブルインスマ教授の植物生理学科）から日本に帰国した長谷川はブルインスマらの研究を引き継ぎ、発展させた。光屈性の研究では後発のグループであったが、ダイコン芽生えを用いて、要約すると以下のようなことを発表した。

①光屈性に伴う光・影側組織の成長速度を測定した結果、光側の成長は著しく抑制されるが、影側の成長は暗黒下の芽生えの成長とまったく同じである。
②光側組織の成長抑制は光によって短時間にその生成が誘導される成長抑制物質によって引き起こされる。
③光を照射した芽生えのインドール酢酸量をガスクロマトグラフィーを用いて測定したところ、光・影側で均等に分布している。

②の根拠として単離・同定したのが、ラファヌサニン（raphanusanin）やラファヌソール（raphanusol）などであった。これらの物質は一方向からの光照射によって光側組織で顕著に増量したが、影側や暗黒下では変動を示さなかった。また、芽生えの片側にこれらを投与すると、暗黒下においても投与した側に屈曲することも明らかにされ（長谷川ら、1986年、野口：H. Noguchiら、1987年、東郷：S. Togoら、1989年、など）、ラファヌサニンなどの成長抑制物質が光側組織において生成され、光側組織の成長が抑制され

ることによって光側に屈曲することが示唆された。

　その後、今日までの研究で、光屈性制御物質の本質に最も肉薄しているのはラファヌサニンを軸とするダイコン芽生えを用いたものである。ラファヌサニンの前駆物質である4-メチルチオ-3-ブテニルイソチオシアネート（4-methylthio-3-butenyl isothiocyanate、4-MTBI）もダイコンの光屈性制御物質として機能しており（長谷川（剛）：T.Hasegawaら、2000年）[10]、この4-MTBIの前駆物質である4-メチルチオ-3-ブテニルグルコシノレート（4-methylthio-3-butenyl glucosinolate、4-MTBG、不活性型）から4-MTBIへの変化を触媒するミロシナーゼ（myrosinase）酵素が一方向からの光照射によって光側組織で活性化されることも明らかになっている（山田ら：K. Yamadaら、2000年）[11]。さらにその他の植物から光屈性制御物質として、ヒマワリ芽生えから8-エピキサンタチン（横谷-富田：K. Yokotani-Tomitaら、1997年）、トウモロコシ芽生えから6-メトキシ-2-ベンゾオキサゾリノン（6-methoxy-2-benzoxazolinone）（長谷川ら、1992年）などが単離・同定されているが、これらの物質の詳細については第3項で触れてあるので割愛する。

2）オーキシンの横移動の有無を検証する研究

　長谷川らが成長抑制物質の生成を軸とした抑制の重要性を主張したのと同時期に、マクドナルドとハートは前述のように表皮中のインドール酢酸量が重要であると主張した。これ以後の光屈性の研究は成長抑制物質の検討とともに、オーキシンの横移動に対して論じる必要性も生じてきた。様々な解釈が交錯したオーキシンの横移動論であるので、ここからは特に注意して読んでいただきたい。

　迫田（M. Sakoda）と長谷川（1989年）[12]はダイコンの表皮中のインドール酢酸量を機器分析で測定し、光・影側組織で均等に分布していることを明らかにした。ウェイラー（E. W. Weiler、1988年）ら[13]もヒマワリ芽生えを実験材料に免疫学的手法を用い、インドール酢酸の表皮における量は光・影側組織で均等であることを明らかにした。しかし、コロドニー・ウェント説の提唱者の1人であり、植物生理学の世界的権威であったチマンがブルイン

スマに宛てた手紙（1988年）の中で、「コロドニー・ウェント説で問題にしているのは、先端から移動する拡散性のインドール酢酸であり抽出性のインドール酢酸ではない」として、依然としてコロドニー・ウェント説に揺るぎなしと主張してきた。そこで長谷川らは拡散性のインドール酢酸についての研究を行う必要に迫られた。拡散性オーキシンと言って真っ先に思い出されるのは、かのウェントが行った1928年の実験である。

		光側	影側	暗所対照 左側	暗所対照 右側
生物検定法	ウェントの実験〈1928年〉	27%	57%	50%	50%
生物検定法	長谷川らの実験〈1989年〉	21%	54%	50%	50%
機器分析法	長谷川らの実験〈1989年〉	51%	49%	50%	50%

表1　光屈性に伴うオーキシン(IAA)の分布

(8) ウェントの実験の追試（1989年）[14]

長谷川らは先のウェントの実験と同様に、光屈性刺激を与えたアベナ幼葉鞘の先端部を寒天片に載せ、拡散物を含む寒天片をアベナ屈曲試験にかけるという実験を行った。表1に示されるように、アベナ屈曲試験で測定された屈曲角からオーキシン量を算出した結果、ウェントの実験と同様に、影側のオーキシン量が光側の2.5倍であるという結果が出た。これはコロドニー・ウェント説を支持する実験結果である。しかし、寒天に拡散されてきた物質をクロマトグラフィーによって精製し、インドール酢酸だけをガスクロマトグラフィーで分析した結果、インドール酢酸は光・影側でまったく均等に分布していることが明らかになった（蛍光分析器のついた高速液体クロマトグラフィーでも同様な結果が得られている）。さらに拡散物をクロマトグラフィーで分離し、それらの活性を調べたところ、影側や暗黒下よりも光側で多いオーキシン活性抑制物質が、少なくとも2種類存在することが示された

（第3項参照）。

　これらの結果から長谷川らは、オーキシンであるインドール酢酸の光・影側における偏差分布はまったく起こらず、光側で生成されるオーキシン活性抑制物質（光屈性制御物質）が光屈性を引き起こすという説を発表した（ブルインスマ・長谷川説、1990年）[5]。その後、トウモロコシを用いたブリッグスの実験も追試され、アベナと同様にインドール酢酸の偏差分布はまったく起こらないことと、光側において成長抑制物質が生成されることが光屈性を引き起こすことも明らかにされた（東郷と長谷川、1991年）[15]。

　しかし、トウモロコシ幼葉鞘に限っていえば、インドロ-α-パイロン法（ピッカードが批判した方法）を用いて、光刺激に伴うインドール酢酸の分布変化を調べたところ、影側の方が光側の2～3倍でありコロドニー・ウェント説は正しいという報告がある（飯野：M. Iino、1991年）[16]。飯野は同時に、重力屈性におけるインドール酢酸の分布変化も調べ、上側と下側で偏差分布が見られるとしている。この実験結果は東郷らの結果はもとより、同時期に宮崎（A. Miyazaki）と藤伊（T. Fujii）[17]が行った、重力屈性時においてインドール酢酸は均等に分布することを示した結果とも異なっている。

　この矛盾の原因は何か。宮崎らの論文にも示されているが、トウモロコシ幼葉鞘からの拡散物を高速液体クロマトグラフィーで分析した場合、インドール酢酸よりはるかに強い蛍光を発する物質がインドール酢酸の直前に検出されており、この物質とインドール酢酸を分離しなければ、インド

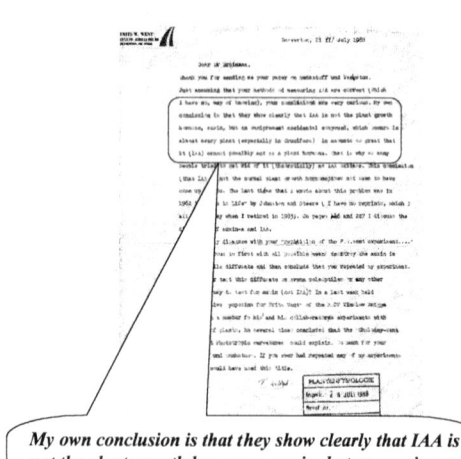

図6　ウェントの手紙

ロ-α-パイロン法では正確なインドール酢酸量を測定することは不可能である。また、この強い蛍光物質はオーキシン活性をまったく示さないが、不思議なことに光側より影側のサンプルに多く含まれているのであった。

著者らの論文をウェント本人に送ったところ、それに対する返事が送られてきたので図6として掲載した。見ての通り、オーキシンの生みの親ともいうべきウェントが「インドール酢酸（IAA）はオーキシンではなく、本当のオーキシンはオーキシンaである」と言っている。この当時、すでにオーキシンaは存在しない物質であることが分かっており（図5）、植物ホルモンのオーキシンはインドール酢酸であることは、これこそどの教科書にも書かれている事実である。またウェント自身も、インドール酢酸はオーキシンであるという観点から数々の論文を書いてきている。植物生理学の世界的な権威者のウェントがなぜこのような内容を書いたのであろうか。

ところで、オーキシン量が光、影側ともに同じとするブルインスマ、長谷川、ウェイラーらの結果が正しいとすれば、オーキシンの偏差分布が光屈性の原因であるとするコロドニー・ウェント説が誤っているということになる。そこでこの説の論理の基盤である前述のダーウィンの実験やボイセン・イェンセンの実験結果についても再検証することが必要である。

(9) ダーウィンの実験、ボイセン・イェンセンの実験の追試

ブルインスマの弟子であるフランセン（J. M. Franssen, 1981, 1982年）らはダーウィンの実験を追試し、アベナ（カナリアクサヨシと同じ単子葉植物）の幼葉鞘のみならず、クレスやキュウリの芽生えの先端部を切除したり、不透明な帽子で覆ったりしても光屈性が起こることや、屈曲する部位（下部）に光が当たらないようにすると光屈性が起こらないことなどを明らかにした[18]。また、加藤-野口（H. Kato-Noguchi）と長谷川もダイコン芽生えを用いて、屈曲部位に光が当たらないと光屈性が著しく低下することを明らかにしている（1992年）。図7は、筆者らがアベナ幼葉鞘を用いてダーウィンの実験を追試した結果を示す。これらの結果から、光屈性において光を感受する部位は先端部というより、屈曲部位であることが示唆された。ダーウィンが切除した部位と方法、

あるいは不透明な帽子の被せ方に問題があったのではないかと考えられるが、それ以前に単純な追試によっていとも簡単に覆されたことが面白い。誰が行ったどのような実験であろうとも、自らの手で試して同じ結果が出るまでは無条件で信じてはならないという教訓めいたものを見ることができよう。

　このダーウィンの実験と並んで高校の生物の先生方から「生徒に見せるために実験を行っても、教科書に記述されている通りの結果が出ない。これは実験方法に問題があるのだろうか？」という問い合わせをいただくのが、ボイセン・イェンセンの実験である。ボイセン・イェンセンの実験は雲母片を物質の移動を阻害する向きに挿入することによって光屈性が起こらないことを見いだしたものであり、オーキシンの横移動によって光屈性が起こるというコロドニー・ウェント説に大きな影響を与えたものである。この追試に果敢に挑んだのが中野（H. Nakano）ら（2000年）[19]である。

　アベナ幼葉鞘の先端部にカミソリで切れ込みを入れ、細心の注意を払いながら、薄い雲母片をその切り込みの中に挿入し、光を雲母片に対して垂直あるいは平行に当たるように照射した。その結果、どの方向に雲母片を挿入しても光屈性は示されるという意外な結果が出たのである（図8-A）。つまり、先端部で物質の横移動が阻害されても光屈性が起こったわけで、先生方の実験は間違っていなかったことが分かった。しかし、そうなると問題なのは、ボイセン・イェンセンの実験結果はどこから出てきたのかということであ

図7　ダーウィンの実験の追試

左：アベナ幼葉鞘。中：アベナ幼葉鞘の先端3mmを切り取ったもの。
右：アベナ幼葉鞘の先端（3mm）に光を通さないアルミホイルのキャップを被せたもの。
光は左方向から与え、1時間後に撮影した。いずれも光方向に屈曲した。

る。この原因は何かということでボイセン・イェンセンらの論文を再度注意深く調べてみたところ、論文に掲載されている写真（図8-Bの左）はアベナ幼葉鞘の先端が大きく外側に反り返っていることが分かった。そこで中野らはボイセン・イェンセンらの実験と酷似させて先端が反り返るように、わざと乱雑に雲母片を挿入して光を照射したところ、ボイセン・イェンセンらの結果と同様な結果を得たのであった（図8-Cの左）。筆者らは光屈性の研究に暗室を用いているのだが、注意深く切り込みを入れることは容易ではなく、事実、実験を開始した頃はほとんど屈曲が起こらなかったそうである。つまり、ボイセン・イェンセンらの実験技術に問題があったのであり、光屈性は芽生えの先端部で化学物質（オーキシン。インドール酢酸であり、オーキシンaではない）が光側から影側に移動しなくても起こることが証明された。

すなわち、教科書に載っているダーウィンの実験、ボイセン・イェンセン

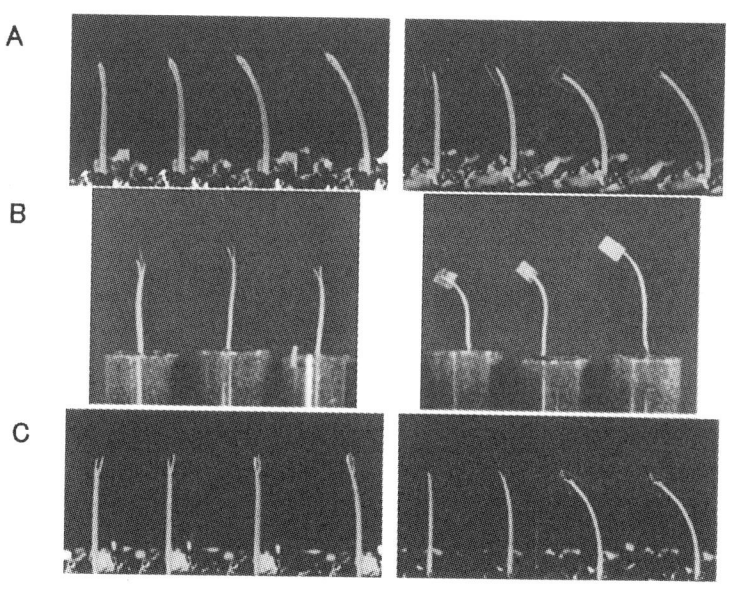

図8　ボイセン・イェンセンの実験の追試
　　A. C.　中野の実験　　　　　　B.　ボイセン・イェンセンの実験

光は左方向から雲母片に対して垂直（左）あるいは平行（右）に照射した。
AとCの写真はいずれも左から光照射後0、1、2、3時間に撮影したものである。Bの写真は光照射後3時間に撮影したものである。

の実験、およびウェントの実験は、すべて実験技術の稚拙さや実験結果の解釈に誤りがあることが判明した。なお、これらのうちボイセン・イェンセンの実験の追試以外は10年以上も前に発表されたものである。にもかかわらず、教科書の内容には変化が見られない。筆者は1日も早い教科書の改訂が必要と考えている。

　以上のように、コロドニー・ウェント説では光屈性の仕組みを説明できないことが判明した。光照射によってオーキシンは横移動しないにもかかわらず、光側の成長が抑制されて光屈性は起こる。この屈曲の原因を、光によって光側組織で生成される成長抑制物質（光屈性制御物質）に求めたのが、近年提唱されたブルインスマ・長谷川説である。果たして光屈性制御物質とはどのような役割を担っている物質なのであろうか。次項ではこの点を詳細に述べる。

3. 光屈性制御物質としての光誘起成長抑制物質

　前項において光屈性の原因が光側での光誘起成長抑制物質（光屈性制御物質）の生成によることが示された。本項では、様々な植物から多数単離・同定された光屈性制御物質の化学構造、光屈性に伴う挙動、生合成経路や作用機作等について筆者らの研究を中心に詳述する。

(1) ダイコン下胚軸の光屈性制御物質

　ダイコン下胚軸の光屈性は光側組織の成長抑制によって引き起こされること（影側組織の成長は暗黒下の成長と同じ）が明らかになり、光側で生成される成長抑制物質の関与が示唆された（野口ら、1986年）。この物質は光側組織で増量する成長抑制物質として、ラファヌサニン（野口ら、1986年）、4-メチルチオ-3-ブテニルイソチオシアネート（4-MTBI）（長谷川（剛）ら、2000年）、ラファヌソールAとB（東郷ら、1989年）が同定された。これらの化学構造を図9に示した。これらの物質はいずれも光屈性刺激によって光側組織で短時間で増量し、影側や暗黒下では増量されないことが示されている。またこれらの

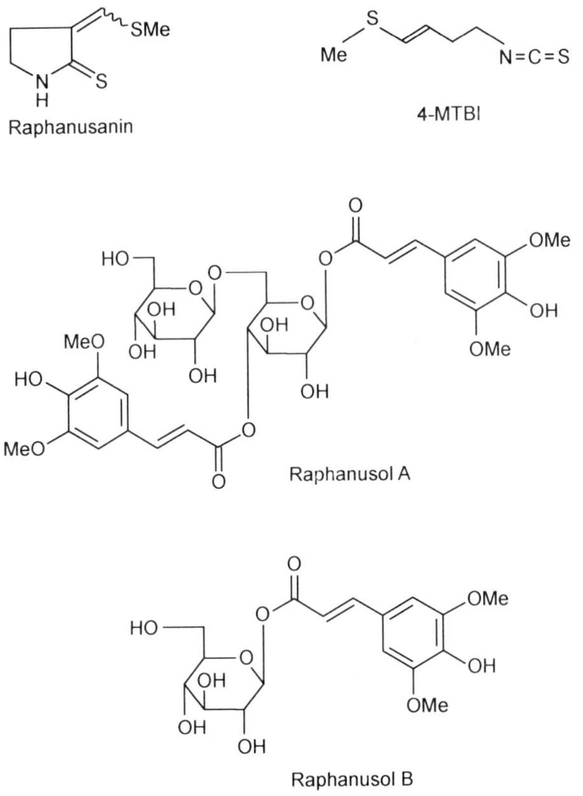

図9 ダイコン下胚軸の光屈性制御物質

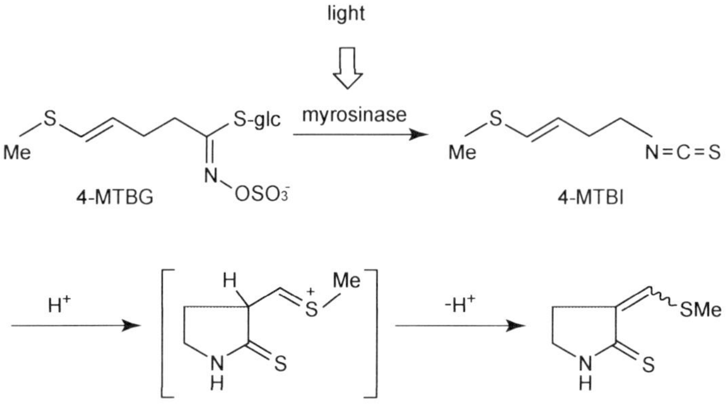

図10 ダイコン下胚軸におけるラファヌサニン類の生合成

物質をダイコン下胚軸の片側にラノリンペーストで投与し、暗黒下に置くと投与側に屈曲（投与した側の成長が抑制されることに起因）することも明らかになった。

　これらの物質の中、ラファヌサニンに関する研究が最も進んでいる。図10にラファヌサニンの生成過程を示した。光を当てたとき、短時間で加水分解酵素ミロシナーゼの活性が光側組織で高まり（2000年の山田らの研究からミロシナーゼ遺伝子の発現も光照射によって誘導されることが示されている[11]）、その結果、不活性型の4-メチルチオ-3-ブテニルグルコシノレート（4-MTBG）からグルコース部分が切断され、成長抑制活性を示す4-MTBIが生成し、さらにその一部が強力な成長抑制物質ラファヌサニンに変化することが分かった。また、影側組織や暗黒下では4-MTBIやラファヌサニンはほとんど生成されないことも分かった[10]。一方、ラファヌサニン類はRaphanus属には広範に分布しているが、他の属には見いだされていないことや、構造活性相関の実験からピロリジンチオン環やC-3位のメチルチオメチレン基の存在が活性発現に必須であることも明らかになった（迫田ら、1993年）。また、ラファヌサニンはオーキシンによって誘導されるマイクロチューブルの配向変化（細胞の長軸方向に平行から垂直：細胞が縦方向に伸長しやすくなる）を成長抑制に先行して抑制することが免疫蛍光顕微法で明らかにされた（迫田ら、1992年）[20]。

(2) ヒマワリ下胚軸の光屈性制御物質

　ヒマワリ下胚軸の光屈性に関与する光誘起成長抑制物質については、オランダのブルインスマらによって、中性の成長抑制物質が単離されたが、構造決定には至らなかった。最近になり、横谷-富田ら（1997、1999年）は、光屈性刺激によって光側組織で増加する（影側の約3倍）物質を単離し、8-エピキサンタチン（図11）と同定した。この物質をラノリンペーストでヒマワリ下胚軸の片側に投与したところ、投与側に屈曲することが分かり、本化合物がヒマワリの光屈性制御物質と考えら

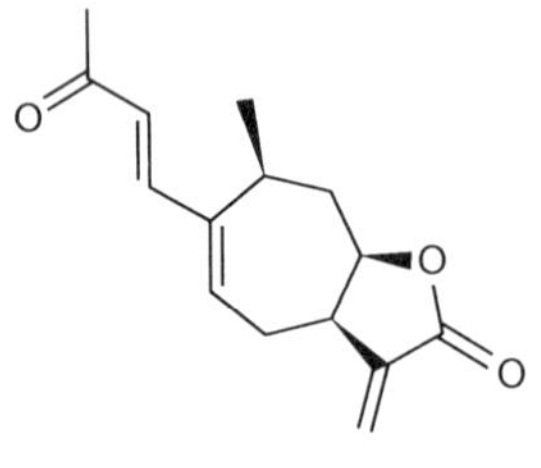

8-Epixanthatin

図11　ヒマワリ下胚軸の光屈性制御物質

れている[7]。

(3) アベナ幼葉鞘の光屈性制御物質

アベナは、古くから光屈性の研究に汎用されてきた植物であるが、光屈性を示す器官・幼葉鞘が小さいこともあり、材料を大量に集めることが難しいことや、光によって誘導される成長抑制物質の増量がきわめて一過性である

Uridine

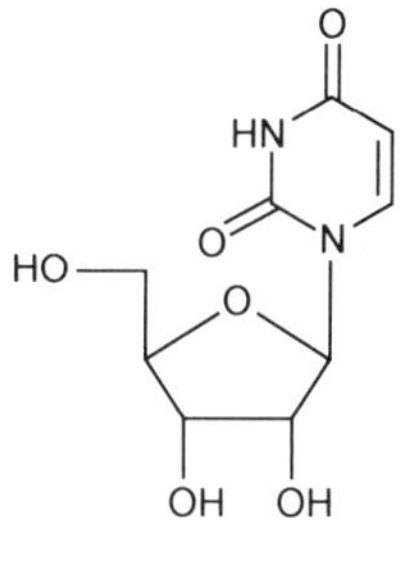

図12　アベナ幼葉鞘の光屈性制御物質

こと等から、その光屈性制御物質の単離・同定が他の植物と比べて遅れている。しかし、光屈性を伴う光側と影側組織に含まれる物質のHPLCによる詳細な比較実験に基づき、光屈性刺激で光側で増量する成長抑制物質がいくつか単離された。その中、NMR等のスペクトルデータからウリジンが同定された。また幼葉鞘の片側にラノリンペーストでウリジンを投与した場合、投与側に屈曲することが分かった（長谷川（剛）ら、2001年、図12）[21]。前述のダイコンやヒマワリからは植物種によって異なる成長制御物質が単離・同定されたが、ウリジンがアベナ幼葉鞘の光屈性制御物質である可能性が示唆されたことから、植物に共通な物質の関与も考えられる。さらに、最近、光誘起成長抑制物質としてC-グルコシルフラボノイド配糖体が単離され、二次元NMRスペクトルデータの解析によりその構造はイソビテキシン-2"-O-L-アラビノピラノシドであることが分かった（繁森ら、2002年、未発表データ）。

(4) トウモロコシ幼葉鞘の光屈性制御物質

トウモロコシ幼葉鞘の光屈性が中性の成長抑制物質によって制御されることが東郷と長谷川（1991年）[15]によって示唆され、6-メトキシ-2-ベンゾオキサゾリノン（MBOA）（長谷川ら、1992年）や2, 4-ジヒドロキシ-7-メトキシ-2H-1, 4-ベンゾオキサジン-3 (4H) -オン（DIMBOA）（長谷川（剛）ら、2002年）が単離・同定された（図13）。これらの物質が光屈性刺激によって光側で増量し、幼葉鞘の片側にラノリンペーストで投与したとき、投与側に屈曲することも明

らかにされた（陳ら、1997年、長谷川（剛）ら、2002年[22]）。これらの物質は傷害等によって生成される抗菌活性物質として、すでに単離・同定されている（A.I.Virtanenら、1956年）が、光照射によっても増量し、抗オーキシン活性を示すことも明らかになった。その後、抗オーキシン活性物質として6,7-ジメトキシ-2-ベンゾオキサゾリノン（DMBOA）や4-クロロ-6,7-ジメトキシ-2-ベンゾオキサゾリノン等も単離・同定された（穴井ら、1996年）。一方、米国のギルフォイル（T. J. Guilfoyle, 1991年）らのグループはダイズ下胚軸からオーキシンに応答して短時間に発現が誘導される SAUR（Small auxin up-regulated RNAs）遺伝子群を単離し、重力屈性および光屈性反応が認められる芽生えでこれらの遺伝子群の発現が下側および影側に偏っていることを報告している[23]。当時、この実験手法は植物細胞内で起きている転写レベルの反応を観察できる斬新なものであった。彼らは、この結果がオーキシンの不均等分布に起因するとしてコロドニー・ウェント説を支持している。しかし、この手法はインドール酢酸量を直接測定しているのではなく、また、光屈性刺激から8時間以上も経過してから SAUR 遺伝子発現の増強を観察している。

　一方、筆者らは光屈性刺激によって光側組織で増加した光屈性制御物質、ベンゾオキサゾリノン類の1つである MBOA が濃度依存的にオーキシンによって誘導された SAUR 遺伝子発現を短時間で抑制することを明らかにしている（穴井ら、1998年）（図14）。したがって、ギルフォイルらの研究で見られた光側組織における SAUR 遺伝子の発現の差はオーキシン量の差ではなく、MBOA等によるオーキシン活性の抑制に起因するという解釈もできよう。また、ベンゾオキサゾリノン類（MBOA、DMBOA）に関しては、1970年代後半にオーキ

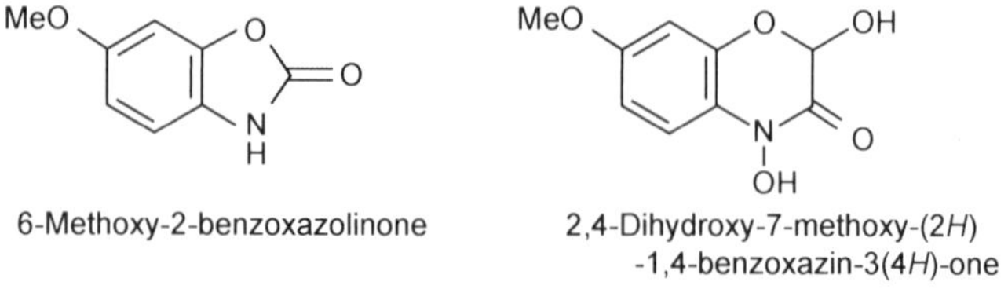

6-Methoxy-2-benzoxazolinone　　2,4-Dihydroxy-7-methoxy-(2H)-1,4-benzoxazin-3(4H)-one

図13　トウモロコシ幼葉鞘の光屈性制御物質

シンと膜結合型および可溶性オーキシン受容体（当時はまだその正体が明らかにされていなかった）との結合を阻害することが報告されている。筆者らもベンゾオキサゾリノン類がトウモロコシの膜結合型オーキシン結合タンパク質（auxin-binding protein 1、ABP1）に対する放射ラベルしたオーキシン（^{3}H-NAA：ナフタレン酢酸）の結合を阻害することを確認している[24]。

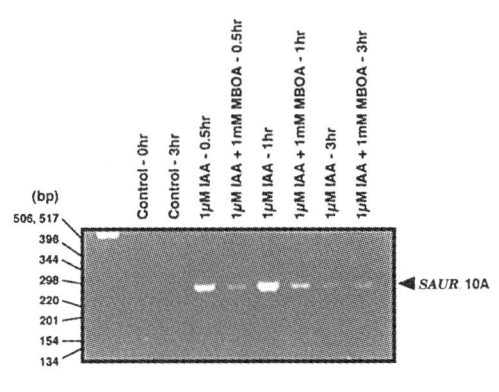

図14　オーキシン（IAA）によって誘導される SAUR 遺伝子発現に対するMBOAの効果

これらの研究結果からも明らかなように、分子レベルでも光屈性制御物質はオーキシン活性を抑制している可能性を強く支持する証拠が提出されつつある。

次に、これらのベンゾオキサゾリノン類が真の活性本体であるのかどうか、その1つの解決法はベンゾオキサゾリノン類を生成しない変異株を作製することであろう。幸い、アメリカのチルトン教授（S. Chilton、ノースカロライナ州立大学）からMBOAの前駆物質DIMBOAの生成能を欠く変異株を入手した。

図15　トウモロコシ幼葉鞘におけるベンゾオキサゾリノン類の生合成

この変異株は光屈性刺激によってほとんど屈曲を示さないが、MBOAをラノリンペーストで幼葉鞘の片側に投与すると、投与側に屈曲したことから、トウモロコシの光屈性にMBOAやDIMBOAが深く関与していることが分かった（横谷-富田ら、1998年）。一方、ベンゾオキサゾリノン類の前駆物質は不活性な配糖体として存在しており、光屈性刺激によって、ダイコンの4-MTBIやラファヌサニンの場合と同様に、グルコシダーゼ活性が高まる可能性が示唆されている（図15）（小瀬村：S.Kosemuraら、1994年）。

最近、筆者らは大阪府立大学および理化学研究所との共同研究を開始し、光屈性を示さないシロイヌナズナの突然変異株（*nph,* nonphototropic hypocotyl）と野生株を用いて光屈性刺激による、それぞれの抽出物のHPLCパターンを比較した。その結果、野生株では光屈性刺激によって増量するピーク（暗黒下では増量しない）が、突然変異株では増量しないことが分かった。現在、このピークに相当する物質の構造解析を進めている。

4. 光屈性刺激の受容体の解明

第3項までは光屈性を制御する植物ホルモンや生理活性物質について述べてきた。光屈性は一方向からの光を植物が受け止めることから始まり、その後、光屈性制御物質の偏差分布が起こり、光側に屈曲する。本項では、光を受け止める色素の最近の研究について述べる。

有効な光の波長や強度および光感受部位などの生理学的研究や植物ホルモンレベルでの研究が多くの研究者によって行われてきた。植物における主な光受容体としては赤色光／遠赤色光受容体であるフィトクロム、青色光／UV-A受容体およびUV-B受容体が知られている。その中でも赤色光／遠赤色光受容体のフィトクロムについては様々な側面から研究が進んでおり、情報の蓄積も非常に多い。一方、青色光によって誘導される現象は、植物、藻類、菌類および細菌に至るまで数多くの生物種において報告されている。種子植物においては青色光による光屈性、胚軸の伸長抑制、気孔の開閉、アントシアニン合成促進などの生理現象が知られているが、それらの現象にどのような青色光受容体が

関与するのかは長年、謎であった。光屈性反応は主に青色光により引き起こされるが、この反応には1980年代半ば頃からクリプトクロム（cryptochrome；crypto：隠れた・謎めいた、chrome：色素）と呼ばれ、実体が明らかにされていない青色光受容体が関与することが様々な研究結果から予想されていた。またこの青色光受容体の本体については、フラビンをクロモフォアとするアポタンパク質、あるいはカロテノイドのいずれかであると考えられていたが、そのどちらであるかの決定的な証拠は残念ながら得られていなかった。さらにその本体を単離する試みは世界各国の研究グループが競って挑戦してきたが、いずれもゴールまで到達できなかった。筆者の知るところでは1980年代後半に国内の研究グループも青色光受容体の単離・同定に挑んでいたが、成功したという報告は聞いていない。しかし、これまで謎とされてきた青色光受容体の全貌が分子遺伝学的手法を駆使した研究によりついに明らかにされることとなった。

(1) 青色光の受容分子・色素

1) クリプトクロム（cryptochrome）

植物の研究分野においても1990年代に入り「植物のショウジョウバエ」とも呼ばれるアブラナ科植物、シロイヌナズナ（*Arabidopsis thaliana* L.）をモデル植物にした分子遺伝学的手法を用いた研究が盛んに行われるようになってきた。1993年にアメリカのキャシュモアー（A. R. Cashmore）らのグループ[25]は青色光を照射しても胚軸の伸長抑制が起こらないシロイヌナズナの突然変異株（*hy4*）からその原因遺伝子をクローニングすることに成功した（アーマド：M. Ahmadら、1993年）。この遺伝子は681アミノ酸からなるタンパク質をコードしており、N末端側の約500アミノ酸は青色光を吸収して働く原核生物型（Ⅰ型）のDNA光回復酵素と約30％の相同性を示し、一方のC末端側では光回復酵素には存在しない200アミノ酸近い付加配列が存在していることが明らかになった。光回復酵素はフラビンタンパク質であることが知られており、その働きは紫外線照射により生じたDNAピリミジンダイマーを青色光領域の光エネルギーによってモノマーに修復する酵素であることから、この新規なタン

パク質は生理学的に推定されていたが、これまで正体が明らかにされていなかった前述のクリプトクロムにちなみクリプトクロム1（cryptochrome1: cry1、ただしこれはホロタンパク質の場合）と命名された。その後の研究からこのクリプトクロム1は実際に青色光受容体として機能し得る数多くの証拠が報告されてきた。さらに、シロイヌナズナのゲノム中にはもう1つのクリプトクロム遺伝子が存在していることが分かった。シロイヌナズナcDNAライブラリーから*CRY1*遺伝子をプローブとしてクリプトクロム2（*CRY2*）遺伝子がクローニングされた（リン：C. Linら、1998年）[26]。クリプトクロム2タンパク質もまた、その構造・機能解析などから青色光受容体として働く可能性が示唆されている。

これまでにN末端側の光回復酵素相同領域でクリプトクロム1タンパク質と高い相同性を示すタンパク質をコードする遺伝子が、種子植物、シダ植物、コケ植物、藻類などから報告されている。また驚くべきことに植物以外にも、ヒトやマウスなどからショウジョウバエなどの多岐にわたる生物種から相同性の

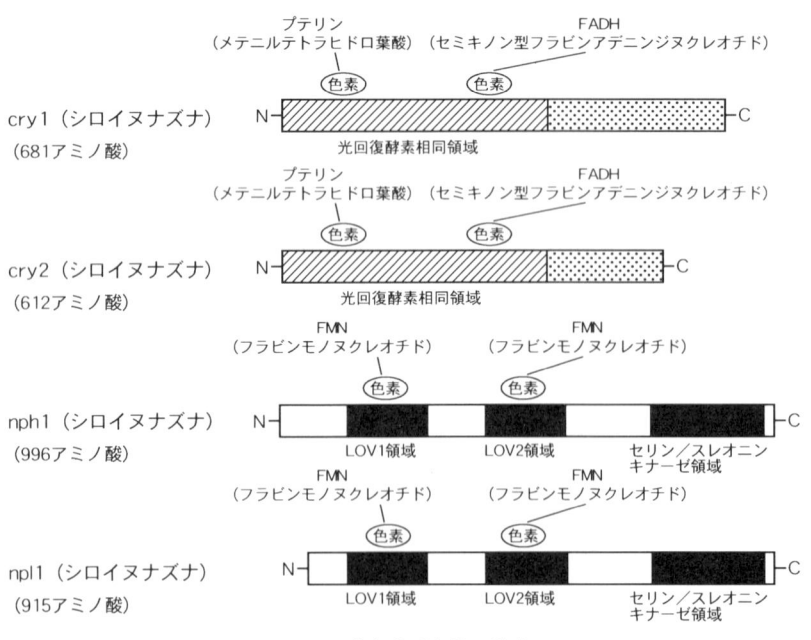

図16　青色光受容体の構造

高いクリプトクロム遺伝子の存在が報告されている（J.M.Christie と W.R.Briggs, 2001年）[27]。しかし、これらのクリプトクロムは植物のそれとは別に進化してきたものと推定されている。これらのクリプトクロム青色光受容体の機能はまだ未解明な部分が多いが、サーカディアンリズムに関与するなどの報告もあり、今後の研究の進展が楽しみである。

さて、クリプトクロム1および2が青色光受容体であるならば、次に光屈性反応への関与の有無という点にも関心が集まるが、この点については統一見解がなされていない。前述のシロイヌナズナの $hy4$ 突然変異株は1次・2次屈曲ともに正常な光屈性反応を示し、また両遺伝子の変異株や過剰発現株を用いた機能解析からも、光屈性反応に関してはこのクリプトクロム1および2は期待された本命の青色光受容体ではないと考えられている。しかしクリプトクロム1を発見した前述のキャシュモアーらのグループは、両遺伝子が欠損した変異株（$cry1/cry2$）は光屈性反応（1次屈曲）を示さないことを報告している。しかし、ブリッグス（W.R.Briggs）らによる追試実験では再現できなかったことから、光屈性反応にはクリプトクロム以外の青色光受容体の存在も示唆されていた（G.Lascëveら、1999年）。

2) フォトトロピン（phototropin）

光屈性反応の異常を示す突然変異株に関する研究もやはりシロイヌナズナを材料にして進められ、いくつかの研究グループにより突然変異株が分離された。中でも胚軸の光屈性が消失した nph 突然変異株の1系統である $nph1$ から原因遺伝子がクローニングされ $NPH1$ と命名された。この $NPH1$ 遺伝子は996アミノ酸からなるタンパク質をコードしており、N末端側には特徴的なLOV領域と名づけられた領域が2つ存在すること、各々のLOV領域は1個のフラビンモノヌクレオチド（FMN）が発色団として結合しているフラビンタンパク質であること、またC末端側にはセリン／スレオニンキナーゼと相同的な配列をコードしていることが明らかにされた。

ここでLOV領域とはPAS（体内時計タンパク質 per、ダイオキシン受容体核移行因子 arnt、ショウジョウバエ神経形態形成因子 sim）領域と呼ばれる遺伝

子転写やシグナル伝達関連のタンパク質間相互作用に関与する領域の仲間である。

　その後、このNPH1タンパク質に関してもクリプトクロムと同様に詳細な構造・機能解析が行われ、光屈性反応の青色光受容体である証拠が多数得られた。こうして、NPH1タンパク質は光屈性に直接的に関与する最初の青色光受容体として光屈性（phototropism）にちなみフォトトロピン（phototropin）と命名された。しかし、光屈性反応が欠損していると考えられていた*nph1*突然変異株はその後の研究で強い光エネルギーの下では屈性を示すことが明らかになり、光屈性にはさらに別の青色光受容体も関与することが示唆された。その後、新たにシロイヌナズナにおいて*NPH1*遺伝子の配列をもとにLOV領域とセリン／スレオニンキナーゼ領域を持つタンパク質をコードする*NPL1*（*NPH1* like protein 1）遺伝子がクローニングされ、第2の光屈性反応の青色光受容体候補ではないかと期待された。しかし、残念ながら*npl1*突然変異株の光屈性反応は正常であった。一方、2重変異株（*nph1/npl1*）では、調べたすべての光エネルギー下でほとんど屈曲が認められなかったことから、NPL1タンパク質は光屈性反応に直接的に関与する青色光受容体ではないが、NPH1タンパク質と重複して機能しているものと考えられている（図16）。

　これまでにフォトトロピンと相同性のある遺伝子はシロイヌナズナ以外ではエンドウ、イネ、トウモロコシ、アベナ、クラミドモナス、ホウライシダなどで報告されている。最近、ブリッグスらは様々な植物で続々と報告されている青色光受容体フォトトロピンの公称の統一化を紙面で提唱しており、*NPH1*遺伝子はフォトトロピン1遺伝子（*PHOT1*）、*NPL1*遺伝子はフォトトロピン2遺伝子（*PHOT2*）と呼ばれることもある。フィトクロムの場合と同様に、フォトトロピン遺伝子ファミリーを定義することはその構造的・機能的分類という位置付けの意味において必要不可欠であるが、直接的に光屈性反応に関与する青色光受容体のみをフォトトロピンの範疇に含めるのが合理的な方法ではないだろうか？

3）リン酸化反応

　光屈性反応の青色光受容体の正体が明らかにされる以前から、青色光により誘導される光屈性反応の初期過程に青色光に応答して自己リン酸化を受ける約120kダルトン（Da）の膜タンパク質が関与する可能性がその局在性などの様々な研究結果から示唆されていた。事実、光屈性反応のシロイヌナズナ突然変異株のなかには*JK224*（1次屈曲反応についての突然変異株）のように、このリン酸化反応が弱まっているもの、あるいはフォトトロピン発見のきっかけとなった*nph1*のように自己リン酸化反応が欠損しているものが含まれていた（後に*JK224*の変異は*nph1*の変異と同一の遺伝子座の変異であることが明らかになった）。また、サロモン（M.Salomon）ら（1997年）[28]は一方向からの光照射により、光側と影側でリン酸化レベルに差が生じることをアベナの幼葉鞘で報告している。青色光照射による約120kDaの膜タンパク質の自己リン酸化と、ダイコン下胚軸の光屈性制御物質の生成系に関与するミロシナーゼ活性（第3項）に着目した研究はこれまでのところ報告されていないが、青色光照射によるリン酸化レベルの勾配とミロシナーゼ活性および光屈性制御物質の偏差分布を調べることは非常に興味深いものである。

4）問題点および今後の展開

　長年その実体が不明であった光屈性反応に関与する青色光受容体がフォトトロピンであることが明らかにされたが、フォトトロピンの研究はまだ始まったばかりであり、未同定のフォトトロピンがさらに存在する可能性も残されている。しかし、フォトトロピンからの信号伝達系の初期過程に関連する遺伝子もいくつか報告されてきており、今後の光屈性反応の研究は、これらの遺伝子の構造・機能解析を含め、既知の光受容体（フィトクロム、クリプトクロム、フォトトロピン）によって構築される光応答ネットワークの解明に焦点が当てられるであろう。さらには、古くから精力的に生理学的研究がなされてきた青色光応答反応および同定された数々の青色光受容体の整合性を検討していくことも重要になるであろう。中でも、以前から様々な可能性が浮上して謎とされてきた光屈性の1次屈曲反応と2次屈曲反応に関わる青色光受容体の正体の解

明に結びつくものと期待される。さらに、膜結合型タンパク質のリン酸化とミロシナーゼ（β-グルコシダーゼ）の活性化がどのように関わるのか、興味は尽きない。

5. まとめ

光屈性はオーキシンの横移動によるオーキシンの不等分布によって引き起こされると考えられているが、実際には個々の植物に特有の成長抑制物質が光側組織で生成されることが明らかになった（山村と長谷川, 2001年）[29]。一方において、植物に共通のウリジンも光屈性制御物質として機能している可能性も示唆された。いずれにしても光屈性刺激が青色光受容体に感受され、次いで多段階のシグナル伝達を経た後、光側組織で加水分解酵素の活性化が起きると、

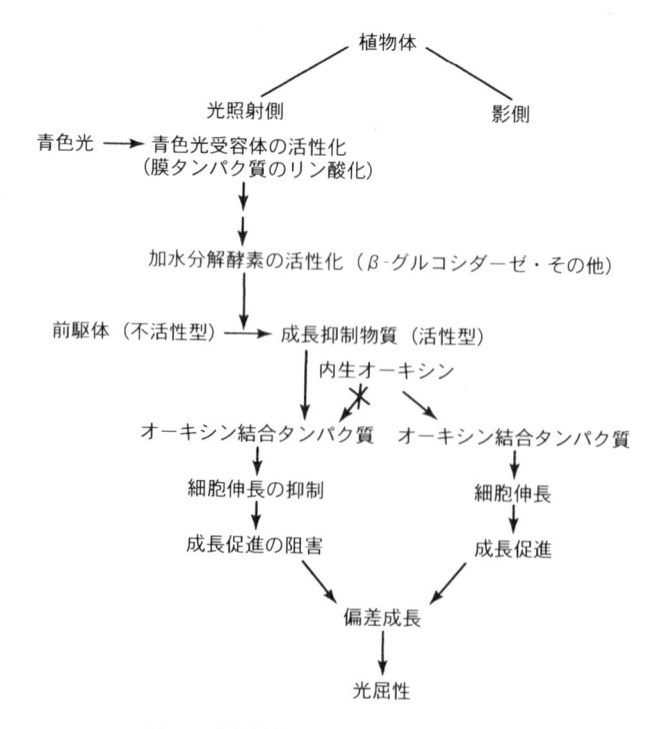

図17　高等植物の光屈性メカニズム

配糖体の前駆体が加水分解を受けて光屈性制御物質が生成される。本抑制物質はオーキシンと競争的にオーキシン結合タンパク質（例えばABP1）に結合するために成長促進活性が抑制されるので光側組織の成長が抑制されると考えられる（図17）。

文献

1) Went,F.W. and Thimann,K.V. (1937) Phytohormones. MacMillan, New York.
2) Darwin,C. and Darwin,F. (1880) The power of movement in plants. J.Murray, London.
3) Boysen-Jensen,P. and Nielsen,N. (1926) Studien über die hormonalen Beziehungen zwischen Spitze und Basis der Avenacoleoptile. Planta 1, 321-331.
4) Went,F.W. (1928) Wuchsstoff und Wachstum. Rec.Trav.Bot.Neerl. 15, 1-116.
5) Bruinsma,J. and Hasegawa,K. (1990) A new theory of phototropism - its regulation by a light-induced gradient of auxin-inhibiting substances. Physiol.Plant. 79, 700-704.
6) Bruinsma,J., Karssen,C.M., Benschop,M. and Van Dort,J.B. (1975) Hormonal regulation of phototropism in the light-grown sunflower seedlings, *Helianthus annuus* L.: immobility of endogenous indoleacetic acid and inhibition of hypocotyl growth by illuminated cotyledons. J.Exp.Bot. 26, 411-418.
7) Yokotani-Tomita,K., Kato,J., Yamada,K., Kosemura,S., Yamamura,S., Bruinsma,J. and Hasegawa,K. (1999) 8-Epixanthatin, a light-induced growth inhibitor. mediates the phototropic curvature in sunflower (*Helianthus annuus* L.) hypocotyls. Physiol.Plant. 106, 326-330.
8) Firn,R.D. and Digby,J. (1980) The establishment of tropic curvatures in plants. Ann.Rev.Plant Physiol. 31, 131-148.
9) MacDonald,I.R. and Hart,J.W. (1987) New light on the Cholodny-Went theory. Plant Physiol. 84, 568-570.
10) Hasegawa,T., Yamada,K., Kosemura,S., Yamamura,S. and Hasegawa,K. (2000) Phototropic stimulation induces the conversion of glucosinolate to phototropism-regulating substances of radish hypocotyls. Phytochemistry 54, 275-279.
11) Yamada,K., Hasegawa,T., Minami,E., Shibuya,N. and Hasegawa,K. (2000) Role of myrosinase on phototropism of radish hypocotyls. Proceedings of 27th Annual Meeting of PGRSA pp.266.
12) Sakoda,M. and Hasegawa,K. (1989) Phototropism in hypocotyls of radish. VI. No exchange of indole-3-acetic acid between peripheral and central cell layers during first and second positive phototropic curvatures. Physiol.Plant. 76, 240-242.
13) Feyerabend,M. and Weiler,E.W. (1988) Immunological estimation of growth regulator distribution in phototropically reacting sunflower seedlings. Physiol.Plant. 74, 185-193.
14) Hasegawa,K., Sakoda,M. and Bruinsma,J. (1989) Revision of the theory of phototropism in plants:

a new interpretation of a classical experiment. Planta 178, 540-544.

15) Togo,S. and Hasegawa,K. (1991) Phototropic stimulation does not induce unequal distribution of indole-3-acetic acid in maize coleoptiles. Physiol. Plant. 81, 555-557.

16) Iino,M. (1991) Mediation of tropisms by lateral translocation of endogenous indole-3-acetic acid in maize coleoptiles. Plant Cell Environ. 14, 279-286.

17) Miyazaki,A. and Fujii,T. (1991) Distribution of IAA and ABA in gravistimulated primary roots of *Zea mays* L. Bot.Mag.Tokyo 104, 309-321.

18) Franssen,J.M., Cooke,S.A., Digby,J. and Firn,R.D. (1981) Measurements of differential growth causing phototropic curvature of coleoptiles and hypocotyls. Z.Pflanzenphysiol. 103, 207-216.

19) Yamada,K., Nakano,H., Yokotani-Tomita,K., Bruinsma,J., Yamamura,S. and Hasegawa,K. (2000) Repetition of the classical Boysen-Jensen and Nielsen's experiment on phototropism of oat coleoptiles. J.Plant Physiol. 156, 323-329.

20) Sakoda,M., Hasegawa,K. and Ishizuka,K. (1992) Mode of action of natural growth inhibitors in radish hypocotyls elongation: influence of raphanusanin on auxin-mediated microtubule orientation. Physiol.Plant. 84, 509-513.

21) Hasegawa,T., Yamada,K., Kosemura,S., Bruinsma,J., Miyamoto,K., Ueda,J. and Hasegawa,K. (2001) Isolation and identification of a light-induced growth inhibitor in diffusates from blue light-illuminated oat (*Avena sativa* L.) coleoptile tips. Plant Growth Regul. 33, 175-179.

22) Hasegawa,T., Yamada,K., Shigemori,H., Hasegawa,K., Miyamoto,K. and Ueda,J. (2002) Blue light-induced growth inhibitors, benzoxazolinones mediate the phototropism in maize (*Zea mays* L.) coleoptiles. (submitted).

23) Gretchen Hagen,Y.L. and Guilfoyle,T.J. (1991) An auxin-responsive promoter is differentially induced by auxin gradients during tropisms. Plant Cell 3, 1167-1175.

24) Hoshi-Sakoda,M., Usui,K., Ishizuka,K., Kosemura,S., Yamamura,S. and Hasegawa, K. (1994) Structure-activity relationships of benzoxazolinones with respect to auxin-induced growth and auxin-binding protein. Phytochemistry 37, 297-300.

25) Ahmad,M. and Cashmore,A.R. (1993) *Hy4* gene of *A.thaliana* encodes a protein with characteristics of a blue-light photoreceptor. Nature 366, 162-166.

26) Lin,C., Yang,H., Guo,H., Wockler,T., Chen,J. and Cashmore,A.R. (1998) Enhancement of blue-light sensitivity of *Arabidopsis* seedlings by a blue light receptor cryptochrome 2. Proc.Natl. Acad.Sci.USA 95, 2686-2690.

27) Christie,J.M. and Briggs,W.R. (2001) Blue light sensing in higher plants. J.Biol.Chem. 276, 11457-11460.

28) Salomon,M., Zacherl,M. and Rudiger,W. (1997) Asymmetric, blue light-dependent phosphorylation of a 116-kilodalton plasma membrane protein can be correlated with the first- and second-positive phototropic curvature of oat coleoptiles. Plant Physiol. 115, 485-491.

29) Yamamura,S. and Hasegawa,K. (2001) Chemistry and biology of phototropism-regulating substances in higher plants. The Chemical Record 1, 362-372.

● 紙面フォーラム

質問1 ヒマワリの花が太陽を追って運動すると言われているが、太陽が沈んだ後はどうなるのか？

解答1
　ヒマワリは「向日葵」と書くように、昔から太陽を追って運動すると言われている。しかし、実際には開花したものは運動せず、成長しつつある芽生えが太陽を追って運動する。日没後は重力の影響を受けて元の状態に戻る。

質問2 ダイコンの光屈性にミロシナーゼが関与しているとされているが、1次屈曲、2次屈曲ともに関与しているのか？

解答2
　これまでの研究で、ミロシナーゼは少なくとも2次屈曲に関与することが明らかにされている。1次屈曲と2次屈曲とで関与する青色光受容体が異なる可能性も示唆されており、ミロシナーゼがどの青色光受容体を経由して活性化されるのかを解明することは今後の重要なテーマの1つである。

第3節　重力屈性

1. はじめに

　我々が目にする草や樹木の茎や幹は、平らな地面でも斜面でも上に向かってまっすぐに伸び、葉や枝は横や斜めの方向に伸びている。一方、根の発達は、目にすることはほとんどないが、教科書的に単子葉植物と双子葉植物で違っていることを知っている。どちらの植物も発芽のときに最初に出てくる根は種子の幼根（radicle）に由来する。単子葉植物では、この根［種子根、または一次根（primary root）と呼ぶ］にプラスして、多くの不定根（体細胞分裂の観察に利用されるタマネギの根が不定根である）が発生・発達したひげ根系を形成している。双子葉植物では、主根として成長し、そこから側根が枝分かれした主根系を形成している。主根や種子根は、地中を下に向かってまっすぐに伸び、不定根や側根は横や斜めの方向に伸びている。このような植物の体制は、4億5000万年前頃、植物が水中から陸上に進出してから進化したといわれている。なぜ、植物は上陸できたのか。

(1) 重力と植物体制の進化

　1つの細胞から、動物が動物として、植物が植物として、高度にシステム化された体制の構築や、それらの体制を保持する仕組みである恒常性の維持に必要な生体エネルギーの源は、植物の光合成によって合成されるショ糖（スクロース）やデンプンに依存している。光合成は、光エネルギーによる二酸化炭素の固定反応であるので、光エネルギーと二酸化炭素（CO_2）をいかにして獲得するかが鍵である。水中のCO_2濃度は大気中とほぼ同じであるが（20℃で1cm^{3}の水に0.88cm^{3}溶解する）、水中ではCO_2と重炭酸イオン（HCO_3^-）として存在する。中性付近ではHCO_3^-が多い。また、CO_2の水中での拡散速度は非常に遅いので（大気中の1万分の1）、直接水中で利用できる

CO_2は非常に少ない。水生植物が炭素源としてHCO_3^-を利用するためには、HCO_3^-をCO_2へ変換する仕組みが必要である。植物は、$CO_2 + H_2O \rightleftarrows H^+ + HCO_3^-$ の反応に関わる酵素カルボニックアンヒドラーゼを持っている。しかし、二酸化炭素の利用効率を上げるためには大気中の二酸化炭素を利用するのが最も簡単である。ある水生植物（シャジクモ類と考えられている）が大気中の二酸化炭素を利用できるようになり、それが有利に働いて陸上に進出したと考えられている[1]。

一度、上陸すると、今度は光を求めての競争が始まり、背丈を高くする仕組み（自重を支持する仕組みや先端まで水やイオンを輸送する仕組み）を持つものが有利になり、維管束を進化させた。維管束を構成する木部の細胞壁にはリグニンという高分子物質が沈着しているため、細胞壁が肥厚し、植物体の機械的強度を増加させている。樹木では年輪から分かるように形成層から作られる二次木部を発達させている。また、上部構造を支持するためには基礎をしっかりしたものにしなければならないので、背丈を高くするためにはそれなりに根を長く伸ばさなければならない。高さを稼ぐには主根系を持つ双子葉植物が有利である。トウモロコシやイネなど単子葉植物の特徴であるひげ根系をつくる不定根は、大きく太くなれないので長さにも限度ができ、単子葉植物の地上部はそれほど大きくなれない。

(2) 重力屈性と植物の体制

それでは、茎や根が伸びていく方向は、何をガイドにして決めているのであろうか。「窓際に置かれた植物は外に向かって伸びるから、茎のガイドは光か？」、「根は水を吸収しなければならないから、根のガイドは水分か？」、「根は光を避けて土の中に入るから、根のガイドも光なのではないか？」。いずれにしても、あまりにも日常的な現象なので、あらためて「そのガイドは？」と尋ねられると、返答に戸惑うのが

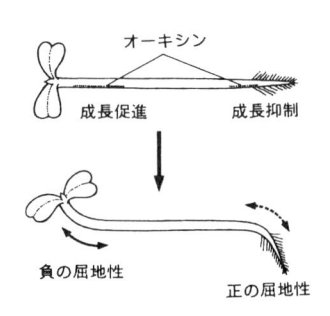

図1 教科書に記載されている重力屈性の説明図

(出所：「新編生物ⅠB」, 東京書籍, 1998)

普通で、高等学校の生物の教科書に記載された「水平に置かれた芽ばえの茎が上向きに、根が下向き伸びている図（図1）」や、さらにそのキャプション「茎や根の屈地性（重力屈性）」を思い出す人は少ないのではないか。ガイド役は重力である。日々あるいは季節季節で変化する光や温度と違い、我々は、日々、重力を意識することはほとんどないので、重力が植物の体制づくりの鍵要因であることを見逃しがちである。陸上植物は、あるときは重力を克服するように、またあるときは重力を利用して、進化してきた。

(3) 重力屈性の信号伝達系

さらに、突っ込んで、「重力に反応する仕組みは？」という問いに、「オーキシンという植物ホルモンが関わっている」という内容を思い出す人は、少しでも生物を勉強した人である。教科書[2]には、「植物の芽ばえを暗所で水平に置くと、根は正の屈地性を示し、茎は負の屈地性を示す。重力刺激を受けると、オーキシンは重力側へ移動する。これにより重力側のオーキシンの濃度が高まると、根では成長を抑制し、茎では成長を促進するためであると考えられる」と、仕組みについて単純明快に記載されている。

重力屈性の仕組みを解説しているように見えるが、この説明では不十分である。なぜなら、同じ教科書の「刺激の受容と動物の行動」にある「動物は、環境の変化を刺激としてすばやく受け入れ、その刺激に反応するために、外界からの刺激や体内の変化を検出する感覚器（受容器）、感覚器からの信号を伝達し統合・制御するシステム（神経系、内分泌系、自律神経系）、反応し行動するための効果器（作動体）を発達させている」と同じように、植物の反応においても、「感覚器」、「信号伝達系」、「効果器」を解説しなければ、反応の仕組みを説明したことにはならないからである。

動物にならって、根や茎が重力刺激を受けてから重力屈性が発現するまで、どのような反応が起こっているか考えてみたい。第1段階は、重力の変化を感受する段階で（susception/perception）、感受場所と検出する装置が問題になる。第2段階は、物理的変化を生体信号へ変換する段階で（transduction）、生化学反応が問題になる。第3段階は、作動体まで信号を伝達する段階で（transmission）、

信号を伝達する物質（シグナル分子）と伝達の方法が問題になる。第4段階は、シグナル分子に作動体が反応する段階で（response）、作動体の場所（応答部位）と反応様式が問題になる。

これらの各段階までに要する時間は、実験材料や器官によって違うが、重力刺激を受けてから重力を感受するまでの時間（perception time）が1秒以内、重力刺激を受けてから非対称的な生体内反応が起こるまでの時間［閾時（presentation time）］が20～30秒、重力刺激を受けてから可視的に屈曲が始まるまでの時間［潜伏期（latent time）］が10～20分である[3]。

このようにシグナル伝達系は空間的、時間的、濃度的に巧妙に制御されているので、シグナル伝達系を包括的に理解するためには、仕組みの研究で何か新しい事実が見つかったとき、その事実が起こっている場所、事実の時間経過は潜伏期とどのような関係になるか、物質的な事実であればその濃度が生体内で作用する範囲にあるか、などを十分に考察しなければならない。

（4）重力屈性の研究の礎[4][5]

植物の体制づくりに重力が関わっていることを示唆したのはドダート（Dodart）で、18世紀の初頭（1704年）である（ちなみに、ニュートンが重力の概念を打ち出したのは1687年である）。それを、実験的に証明したのは、イギリスのナイト（T. Knight, 1809年）である。彼は、重力の大きさが重力加速度によって決まるならば、重力加速度を生み出す遠心力によって植物の成長方向を制御できるのではないかと考えたようである。鉛直方向を軸にして回転するようにした水車のふちに、ゴガツササゲ［一名インゲンマメ（*Phaseolus vulgaris* L.）］の芽生えをセットし、水車を回転させたところ、根は回転軸から離れる方向、茎は回転軸の方向に屈曲することを観察した。さらに、水車を種々の回転数で回転させて、根と茎の伸長方向の、鉛直方向からの傾きを調べ、根の伸長方向が遠心力と重力の合力の方向（茎は逆方向）であることを明らかにした。

逆に、回転軸を鉛直ではなく水平方向に、遠心力の影響がないようにゆっくり回転すると（1分間に2～3回）、そこにセットされた植物体は、重力刺激を

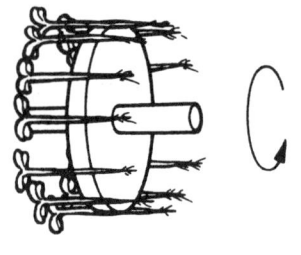

図2 クリノスタット
地上で重力を相殺するため装置。現在では、2つの回転軸を持つ3次元クリノスタットが開発されている。(出所：L.J.Audus、「Geotropism. In: The physiology of plant growth and development, ed M.B.Wilkins」, Mcgraw-Hill, 1969)

一方向ではなく、植物全体が受けるようなり、見掛け上、重力の作用が打ち消され、茎も根も水平方向に伸び続ける。このように、重力の方向性を相殺する装置（図2）をクリノスタット（klinostat）といい、ドイツのザックス（J.Sachs, 1882年）によって考案された。現在では、3次元クリノスタットが、地球上における重力反応の対照実験系として、微少重力環境における植物の反応をシミュレートするために使用されている。

重力屈性の仕組みについて最初に報告した人は、ポーランドのツィーシールスキー（T. Ciesielski, 1872年）である。彼は、① 根の重力屈性的屈曲は伸長部域で起こる、② 屈曲は下側より上側の細胞が大きく伸長するためである、③ ソラマメ（*Vicia faba*）やヒラマメ（*Lens culinaris*）の根では、先端を切除すると、重力に対する反応性を失う、④ しかし、先端が再生すると、根の重力に対する感受性も回復する、⑤ 重力刺激を与えた根は、先端を切除しても、根の重力屈性的屈曲は起こる、等を発見した。① の実験は、根の先端から一定間隔で印をつけて一定時間後に各部分の成長

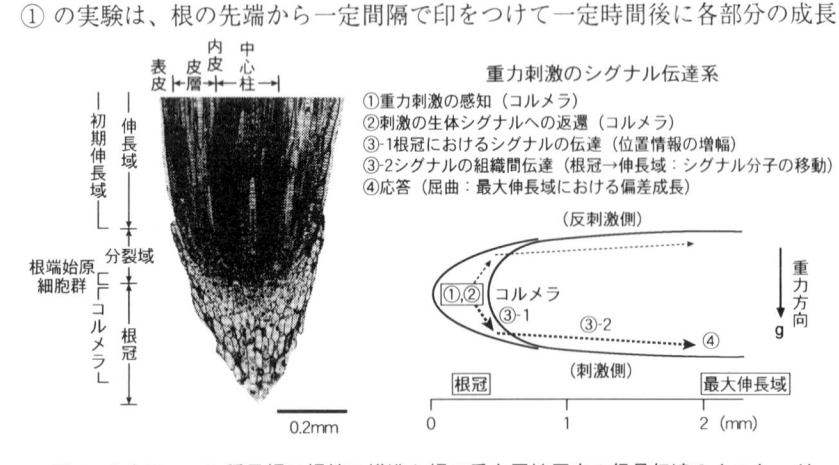

図3 トウモロコシ種子根の根端の構造と根の重力屈性反応の信号伝達のカスケード
(写真：名古屋大学の飯嶋盛雄氏提供)

を調べ、伸長部域を見つけるという、中学校の教科書にも記載されている実験に基づく。ツィーシールスキーの結論は、重力屈性は感覚器と作動体が空間的に離れ、根端で感受した重力刺激が信号として伸長部域に伝達されること、屈曲が伸長部域における上側と下側の成長の差［偏差成長（differential growth）］によること、を示唆した最初の報告と思われる。

　ツィーシールスキーの仮説は、現在でも有効性を失わず、重力屈性の仕組みを説明するときに利用されている。そこで、この仮説の前提になっている根端の組織、さらに根端の組織と前述した重力刺激の信号伝達系の各々の段階との関わりを、図3にまとめた。第3段階を2つに分けたのは、第4段階の屈曲を起こす偏差成長の原因が根冠で作られるからである。第2段階で形成される生体信号は、第1段階の重力を感受する細胞の根冠における位置によって違うと考えられている。つまり、この生体信号には空間的な位置情報も含まれている。その位置情報が根冠全体に波及し、その結果、根冠から伸長域へ伝達される信号に、刺激側と反刺激側で「違い」を生じる。この「違い」が伸長域で偏差成長を誘導する。一般的には、「違い」をシグナル分子の濃度差ととらえている。

　以来、重力屈性は、多くの研究者によって研究されてきた。現在では、重力屈性のコントロール実験という観点ばかりでなく、人間の宇宙空間での長期滞在を睨み、宇宙船における食糧補給という観点からも微少重力下における植物の育成は重要な課題であり、スペースシャトル等で微少重力下の植物反応の実験が活発に行われている。

　このように、重力屈性の研究は、長い歴史があるにもかかわらず、明らかにされていない課題が多い。ここでは、これまでの重力屈性の研究を振り返り、何が明らかにされ、何が課題なのかを考えてみたい。

2. 重力屈性の研究背景

(1) 研究の方向

　これまで、どちらかといえば、重力を感受する仕組みと伸長域で屈曲を誘導

する物質（シグナル分子）の同定に関する研究が多く行われてきた。前者は、重力の受容体の探索で、重力屈性で一番基本となる仕組みを解明することである。後者は、屈曲に関わるシグナル分子が、器官や屈性を誘導する環境因子［光（光屈性）、水分（水分屈性）、接触（接触屈性）など］にかかわらず普遍的なのか、それとも各々の屈性に特異的なのか、などを明らかにするためである。しかし、すでに報告されている物質をシグナル分子の候補とした研究が多い。それは、植物は、光を光合成で水分子から電子を離すためのエネルギー源（高レベルのエネルギー）としての利用とは別に、光形態形成という現象からも理解できるようにスイッチ（低レベルのエネルギー）の役割としても利用しているが、一方、重力に対しては、適応する仕組みは持っているが、スイッチとして利用しているかどうかは、まだ明らかになっていないからである。つまり、重力刺激が、新たな物質合成反応のスイッチになるかどうかの研究が必要である。

　そこで、新たな物質の探索は、通常の条件では正常重力屈性が起こらず、光を与えると重力屈性を示す（光依存重力屈性）突然変異体を利用して行われている（重力屈性の発現イコール光による新たなシグナル分子の合成とする仮説が間違っているかもしれないが）。筆者らも、研究材料であるトウモロコシ（*Zea mays*）の品種ゴールデンクロスバンタム70（Golden × Bantam 70）の種子根の重力屈性が光依存性であることを利用して、既報告の物質で屈曲を説明できないことより、シグナル分子として未同定物質を提案した。

　一方、第2段階の物理的変化を生体信号へ変換する過程に関する研究は、それほど多くはない。それは、重力屈性で、刺激を与えることが鉛直方向に伸びている茎や根を横たえるという空間的な方向変化を伴うため、非常に早い過程の刺激による細胞レベルの初発反応を、*in vivo*、*in situ*（「その位置で」から「無破壊的」という意味でも使用される）、リアルタイムで検出・解析（real-time and single-cell imaging技術）することが非常に難しいからである。最近、モデル植物であるシロイヌナズナ（*Arabidopsis thaliana*）へ、カルシウムイオン（Ca^{2+}）や水素イオン（プロトン：H^+）に感受性を持つように改変したGreen Fluorescent Protein（GFP）を導入した形質転換体、あるいは蛍光色素を細胞内

へ注入（microinjection）した植物体を用い、重力刺激による細胞内カルシウムイオンやpHの変化がリアルタイムで検出されている。

また、シロイヌナズナを材料とし遺伝子のレベルから攻めていく研究も増えている。シロイヌナズナの突然変異体を作り、そこから重力屈性を起こさないものをスクリーニングし、その原因を明らかにし、重力屈性の仕組みを理解しようとするものである。

筆者は、第2段階の仕組みに関心があり、シグナル分子の探索と生体信号とシグナル分子をつなぐ反応系の探索を研究対象にしている。シグナル分子の動向が根冠で制御されているとすれば、その制御系を1つ1つ辿っていけば、生体信号変換の仕組みを明らかにできるからである。第2段階と第3段階の間には多くの生化学反応がリンクしている（カスケード反応）。これまで、生体信号変換に関わる研究でも、可視的な屈曲を指標とすることが多く、あまり生化学レベルでの研究は行われてこなかった。

(2) 研究材料の形態と重力屈性の発現型

図1の芽生えは双子葉植物なので、「根」は「主根」、「茎」は「胚軸（hypocotyl）」と呼ぶ。単子葉植物の場合、「根」は「種子根」と呼び、暗下で発芽させた芽生えで茎のような器官は、「幼葉鞘（coleoptile）」と「中胚軸（mesocotyl）」からなっている。茎と根のつくりは、基本的には表皮（epidermis）、皮層（cortex）、中心柱（stele）からなるが、それぞれに特徴的な形態がある。根には根端の分裂組織を保護する根冠（root cap）があり、また、皮層と中心柱の境界には1層の内皮（endodermis）が存在する（図3）。一方、茎の頂端分裂組織に保護組織はない。また、茎の内皮ははっきりしない場合が多いが、アブラナ科やナデシコ科などの植物ではデンプン粒を多量に含むものがありデンプン鞘（starch sheath）と呼ばれる。単子葉植物の茎の維管束の周囲にはデンプン粒を含む維管束鞘が発達している。このように、茎と根では組織系の配列に、若干、差があるので重力屈性の仕組みも違ってくる。重力屈性の研究は、茎よりも根の実験系が多いが、それは、根が上のような特徴ある形態を持っているからである。

重力屈性は、地球（geo-）ではなく、重力（gravi-）に対する反応なので、現在は、「屈地性（geotropism）」ではなく「重力屈性（gravitropism）」が使用されている。胚軸、幼葉鞘、主根、種子根のように重力方向と平行［鉛直方向（垂直方向）］に成長する場合を正常重力屈性（orthogravitropism）と呼び、主根や一次根のように重力に向くときは正（positive）、胚軸や幼葉鞘のように反対のときは負（negative）を付ける。枝や側根のように重力方向に対し、斜めに成長する場合を傾斜重力屈性（plagiogravitropism）、地下茎のように重力方向と直角に成長する場合を横重力屈性（diagravitropism）という。

　重力屈性の研究には専ら芽生えの幼葉鞘、胚軸、種子根、主根が使用される。仕組みの研究は、重力屈性は重力を利用した姿勢制御であるので、鉛直方向（vertical）に成長している実験材料を重力方向から傾けて、普通は90°回転させ重力方向に直角（水平方向: horizonal）にして行う。重力方向から傾けることを重力刺激（gravistimulation）を与えるという。地球上の生物は1gの重力加速度を受けて生活しているので、重力刺激は成長方向を変化させたときにだけ使用し、一定方向に成長が維持されている場合には使用しない。また、水平方向において重力刺激を与えたときの植物体の下側を刺激側、上側を反刺激側と呼ぶときもある。

3. 重力感受部位と重力信号応答部位

(1) 重力信号応答部位

　前述したように、根の重力屈性的屈曲は伸長域で起こるので、応答部位は伸長域である。植物によって差はあるが、伸長域は根端から2〜5mm、最大伸長域（central elongation zone: CEZ）は2〜4mmにある。茎の場合、伸長域は先端から3〜10mm、最大伸長域は5〜7mmにあり、伸長域の範囲は根に比較して広い。最近の成長解析は、CCDカメラとパソコンを組み合わせたデジタイザー法（ビデオ画像の画像処理なので測定間隔は任意にできる）を利用して行われている[6]。マーカーとしてインクの印、あるいはインクを塗ったガラスビーズ（直径約0.25mm）を付着し、マーカーの間隔を測定して詳細に解析した

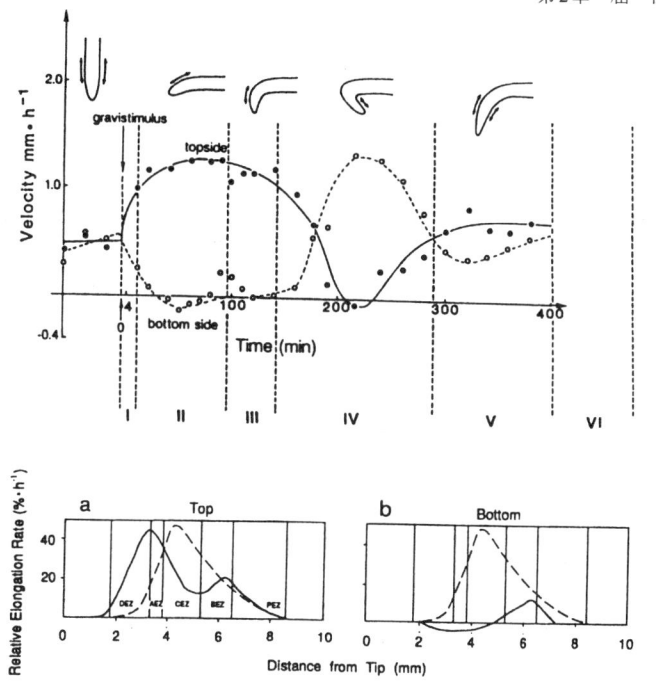

図4 根における重力屈性反応

上：トウモロコシ（品種Merit）種子根の重力屈性反応における刺激側と反刺激側の成長速度の時間経過．topside: 反刺激側, bottom side: 刺激側．
下：重力屈性反応（刺激後25-90分）における刺激側と反刺激側の種々の部域における伸長率．波線は鉛直方向に成長しているときの種々の部域における伸長率．Top: 反刺激側、Bottom: 刺激側．DEZ: 初期伸長域、CEZ: 最大伸長域．
（出所．上：H. Ishikawa *et al.*,「Computer-based video digitizer analysis of surface extension in maize roots: kinetics of growth rate changes during gravitropism」, Planta, 1991. 下：H. Ishikawa and M.L.Evans,「The role of the distal elongation zone in the response of maize roots to auxin and gravity」, Plant Physiol. 1993改変）

結果によると、重力刺激を受けた根の上側と下側で、伸長域の反応は一応ではないようである（図4）。下側は、約10分後に伸長抑制が始まり、その抑制は伸長域全体にわたって起こる。一方、上側は、3〜4分後に伸長促進が始まるが、最大に伸長する域が、根端よりの初期伸長域（distal elongation zone: DEZ）にシフトするようである。これは、応答部位は伸長域にあるが、伸長域細胞の成長様式は、その分化の状態によって差があることを示唆している。

このことは、シグナル分子を考えるとき注意しなければならない。なぜなら、シグナル分子が成長調節に関わるものであれば、その効果は最大伸長域で最大になるはずである。したがって、重力刺激後の初期伸長域で観察される最

大の促進効果は、成長調節物質によらないかもしれない。

(2) 重力感受部位

重力感受部位の研究は、感受する部位が除去されれば、根や茎は重力刺激に反応しなくなるのではないかという普通の発想から行われ（図5）、根端や茎頂を切除した器官（種子根や胚軸）の重力屈性反応や器官の成長率が調べられた。成長率を測定するのは、切除により植物体に傷をつけることになるので、その傷の影響で重力屈性が消失したのではないことを確認するためである。しかし、根端や茎頂を切除した器官が、重力屈性を発現しなかったから、成長率が変化しなかったからといって、直ちに、重力感受部位が根冠や茎頂にあると考えてはいけない。なぜなら、根端の切除では、根端の構造上（図3）、根冠だけを除去するのは非常に難しく、分裂組織などが含まれている可能性を否定できないからである。また、根冠や茎頂が、屈曲に関わるシグナル分子の供給源であり、これらの除去によってシグナル分子が供給されなくなったため重力に反応しなくなったのかもしれない。

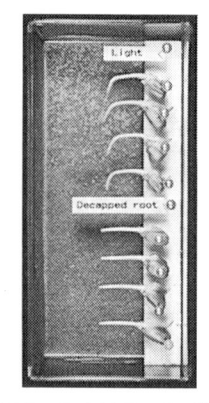

図5 トウモロコシ（品種: ゴールデンクロスバンタム70）種子根の重力屈性反応

このトウモロコシの正常重力屈性は光依存型である．重力刺激約1時間後に屈曲を開始する。4時間後に撮影。Decapped: 根端0-1mmを切除した根。

前者の問題に対しては、ユニパーら（B. E. Juniper et al., 1966）が解答を出した。彼らは、トウモロコシの種子根は根冠と根の本体との境界がはっきりしている（closed type）ことを利用し、種子根から根冠だけを剥離し、その根の重力刺激反応を調べ、根冠を剥離した根は重力屈性を示さないことを明らかにした。

後者の問題に対しては、根冠や茎頂の代わりにシグナル分子を含ませた寒天片等を剥離面や切断面に付けた根に重力刺激を与えて、重力屈性が起こるかどうか調べればよいが、そのためにはシグナル分子が明らかにされていなければならない。ウィルキンスとヴェイン（H. Wilkins and R. L. Wain, 1975）[8]が、

一応、解答を出している。トウモロコシのいくつかの品種の種子根は光依存型重力屈性を示す。つまり、暗下では重力刺激を与えても水平方向に伸び続ける。彼らは、光が照射された根冠では植物ホルモン（plant hormone）であるアブシジン酸（abscisic acid: ABA）が検出されることから、アブシジン酸をシグナル分子と考え、暗下で、根端をアブシジン酸（10^{-5} M）で処理した根に重力刺激を与えたところ、重力屈性が起こることを観察した。しか

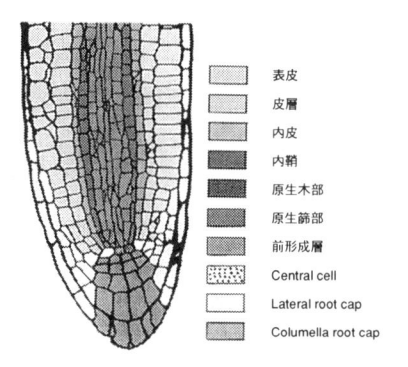

図6 シロイヌナズナ主根の基本構造
出所：石黒澄衛・岡田清隆,「根の形成に関与する遺伝子: 細胞工学別冊, 植物細胞工学シリーズ1, 植物の形を決める分子機構, 渡邊昭ら監修」, 秀潤社, 1994)

し、根冠を剥離した根は、アブシジン酸で処理しても、重力屈性は起こらなかった。これらの結果より、彼らは、根冠が重力感受部位であるばかりでなくシグナル分子の供給源であることを提案した。

後述するが、現在、アブシジン酸はシグナル分子でないとする見解が多い。ウィルキンスとヴェインのアブシジン酸による屈曲の誘導は、アブシジン酸が根冠から伸長域へ移動して屈曲を誘導したのではなく、アブシジン酸が根冠細胞の膜に作用をした結果と考えられている。したがって、シグナル分子の実体が明らかになれば、それを根冠が剥離された根に供給すれば、この根は重力刺激に反応するかもしれない。このように、厳密には、シグナル分子が決定されていない中で、根冠の除去によってだけ、重力感受部位を判定することは非常に難しい。重力屈性の研究者たちは、後述する状況証拠より、何となく根冠を重力感受部位と考えている。

多くの双子葉植物は、根冠と根の本体との境界がはっきりしていない（open type）ので、トウモロコシのような方法は利用できない。さらに、根冠を構成する全細胞が重力を感受するのではなく、感受するのは根冠の中央にある柱状構造のコルメラ（columella）細胞群と考えられている。従って、根冠を除去するということは、コルメラ細胞群以外の細胞も除去することになり、状況は根冠を除去するときの問題と同じである。この問題を解決するにはコルメラ細胞

を、in situ で除去、つまり、殺す以外に方法はない。最近、シロイヌナズナの主根の根冠に対し、レーザーアブレーション法（laser ablation）を用いて試みられた[9]。シロイヌナズナ主根の細胞配列は明らかにされているので（図6）、レーザーアブレーションの標的細胞を決めるのは容易である。コルメラ細胞の生死は、死細胞を染色するPI（propidium iodide）を用い、共焦点レーザー顕微鏡で観察した。その結果、内側に位置するコルメラ細胞をレーザーで処理すると、根の成長は影響されないが、重力刺激に反応しないことが確認された。しかし、コルメラ細胞がシグナル分子の供給源であったとしたらという、疑問は残る。

逆の発想からの研究もある。根冠を剥離しても、根は根冠始原細胞から根冠を再生する。そこで、根冠の再生と重力屈性の回復との関係が調べられている。トウモロコシでは、根冠除去後20時間頃から重力屈性が回復し始める。このとき、根冠はもちろん、コルメラ細胞も再生していない。これは、重力刺激の受容部位がコルメラ細胞自体ではないことを示している。では、重力刺激を感受するのは何か。

後述するが、重力感受部位の探索に屈曲を指標としてするのではなく、何か重力刺激によって変化するような現象を見つけて、その現象を指標に重力感受部位を探索することも可能である。そのときは、その現象が重力屈性反応とどのような関係にあるかを説明しなければならない。イシカワとエバンス（H. Ishikawa and M. L. Evans, 1990）[10]は、重力刺激後、初期伸長域の膜電位の変化が起こるまでの時間が根冠のコルメラ細胞と変わらないことより、初期伸長域も重力感受部位であると考えている。

幼葉鞘や胚軸は、頂端を切除しても重力刺激に反応し、また、潜伏期は10分前後と短いので、重力感受は伸長域全体で起こるようである。しかし、截頭後しばらくしてから重力刺激を与えても反応しないので、シグナル分子は茎頂に由来する[11]。

禾本科植物であるイネやトウモロコシ、ムギ類の成長した茎は、重力刺激により屈曲する部位は節（node）［葉鞘葉枕（leaf sheath pulvinus）と呼ぶときもある］だけである。節自体が重力刺激感受部位と言える。茎が鉛直方向に成

長しているとき節の成長はまったく起こらない[12]。

　樹木では、横たわると、茎（幹）の基部節間で形成層の分裂活動に違いが生じるため二次木部の発達が重力刺激側と反刺激側で異なり（偏心的肥大成長）、起き上がる。被子植物の場合、肥大成長は反刺激側が速くなり、引っ張りあて材（reaction wood）が形成される。そのために引っ張り成長応力（収縮力）が発生し、茎を上方に引っ張り上げる。幼植物体のとき、重力刺激の感受は偏心成長を誘導する形成層近くの内皮デンプン鞘細胞が関わっていると考えられる[13]。

4. 重力の感受（重力センサー）

　人間は重力方向からの傾きを、内耳の三半規管と前庭器にある有毛細胞が、この上にのっている耳石[平衡石（statolith）：炭酸カルシウム]のずれ方を感受することによって感じる。植物では、この耳石に相当するものが比較的大きな貯蔵デンプン粒を含むアミロプラスト（amyloplast）ではないかと考えられている（図7）。このアミノプラスト平衡石説は、1900年にハーバーラント（G. Herberlandt）がムラサキツユクサの茎の節に、そしてネーメク（B. Némec）が Rorippa amphibia（アブラナ科の

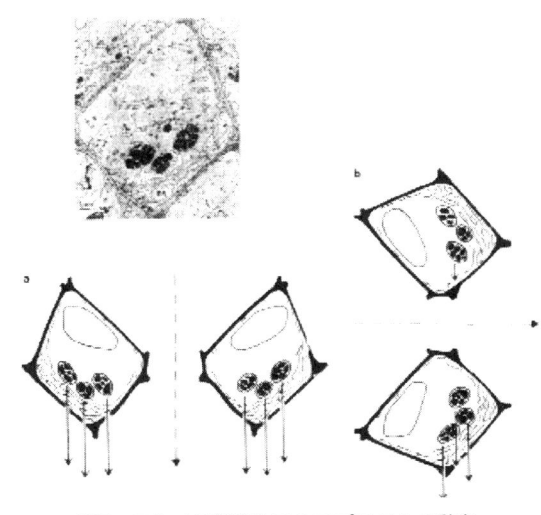

図7　コルメラ細胞とアミロプラストの動向
写真：コショウソウ主根のコルメラ細胞．A: アミロプラスト、ER: 小胞体、N: 核．図：コショウソウ主根の鉛直方向と重力刺激下のコルメラ細胞におけるアミロプラストと小胞体の位置関係．重力刺激を与えると、刺激側と反刺激側でアミロプラストと小胞体の物理的接触が不均等になる。
（出所：D.Volkmann and A.Sievers,「Graviperception in multicellular organs. In: Encyclopedia of plant physiology, New Series vol.7: Physiology of movements, W. Haupt and M.E. Feinleib eds」, Springer-Verlag, 1979）

イヌガラシ属）の根冠のコルメラには、重力刺激によって移動するアミロプラストがあることから提案された[4]。その後、重力屈性を示す組織、幼葉鞘や胚軸の柔細胞、単子葉植物の茎の維管束鞘や双子葉植物の茎のデンプン鞘、禾本科の葉鞘葉枕の特定の細胞、などにはアミロプラストがあることが確かめられている[14]。以来、アミロプラスト重力センサー説の検証が、様々な角度から行われてきた。①アミロプラストの移動速度と重力屈性を起こす最小刺激時間（閾時：presentation time）との関係、②微小重力環境下における重力屈性、③アミロプラスト中のデンプン粒を消失させたときの重力屈性反応、などである。

オーダス（L. J. Audus, 1962）は、ストークスの法則を用いてアミロプラスト（直径を2μm、密度を1.5 g/cm^{3}として）の細胞内（密度を1.0 g/cm^3、粘性率を20センチポアズとして）における落下速度を計算し、10μm落下するために必要な時間を算出したところ、3分であったミトコンドリア（直径を0.5μm、密度を1.2 g/cm^{3}として）は2時間であった。*In vivo*では、材料や実験温度によって異なるが0.43～250mm/minである[15]。ちなみにシロイヌナズナは0.11 mm/minである。

重力屈性反応（屈曲度を指標）は、刺激時間、重力加速度や鉛直方向からの傾きに依存する。地球上（重力加速度：1g）で、普通に根や茎を水平に横たえて重力刺激を与えたとき、屈曲の大きさは刺激時間に比例する。そこで、種々の時間、重力刺激を与えてからクリノスタット上で回転させて屈曲度を調べ、外挿法によって屈曲度が0に相当する最小刺激時間を求めると、コショウソウ（ガーデン・クレス：*Lepidium sativum*）の根（宇宙船で1g環境下で育成させた）で50～60秒、ヒラマメの根で60秒、シロイヌナズナの根で30秒、トウモロコシの根で40秒、が得られている[3]。この最小刺激時間で移動可能な細胞内小器官はアミロプラスト以外にはない。しかし、移動距離は2～3μmであり、最小刺激時間内に図7のように刺激側細胞膜上に沈降するのは不可能である。これは、アミロプラストは重力センサーかもしれないが、重力刺激を生体信号に変換する器官（つまり、内耳の有毛細胞に相当する器官）を単純に刺激側の細胞膜と考えられないことを示す。しかし、コルメラ細胞をよく観察す

ると、先端側の細胞皮層には小胞体（endoplasmic reticulum）が発達し、アミロプラストはその小胞体に接触していることが分かる。これより、有毛細胞に相当する器官を小胞体とする考えがある[16]。

一方、最小刺激時間は、宇宙船の微小重力環境下で生育させた根を用いて行うと（重力刺激は遠心機で1gを与えた）コショウソウの根で20～30秒であった。地球上、クリノスタット上で生育させたヒラマメの根では27秒であった。これは、植物の重力刺激に対する感受性が生育した重力加速度環境に依存していることを示している。また、宇宙船では重力屈性が発現しているとき、アミロプラストは、必ずしも小胞体上に沈降していなかった。そこで、1つの考えが提案されている[3]。重力感受の仕組みがアミロプラストと小胞体によるものではなく、アミロプラストの移動が細胞骨格（cytoskelton）の1つで、細胞膜直下（細胞皮層：cell cortex）に多く見られるアクチンフィラメント（actin filament）を介して直接、細胞膜に作用する仕組みである。

宇宙船の微小重力下で育成したヒラマメの根のコルメラで、アミロプラストはランダムに分布しているのではなく細胞の基部側（分裂組織側）半分に位置していた。コショウソウの根のコルメラでも、アミロプラストは中心周辺に位置していた。また、宇宙船で1g環境下で育成したコショウソウの根やヒラマメの根を微小重力環境下に移すと、コショウソウの根では数分で、ヒラマメの根では10分で、小胞体上に沈殿していたアミロプラストが細胞の基部方向に移動した。これらの結果は、アミロプラストは自由に移動できるのではなく、アミロプラストを支持する何かがあることを示唆している。アミロプラストは、アクチンフィラメントにモータータンパクを介してついており、アミロプラストが動くとアクチンフィラメントに張力がかかり、その張力が架橋タンパクを介して細胞膜のイオンチャネルを活性化するという考えである[3]。

さらに、コルメラ細胞にはアクチンフィラメントや微小管（microtubule）がよく発達しネットワーク化しているので、重力センサーをアミロプラストだけではなく、細胞壁以外の原形質全体（原形質体：protoplast）とし、重力刺激を与えると、細胞の上側では細胞膜に張力、細胞の下側では細胞膜に圧縮力が発生し、これらの力が細胞膜に作用を及ぼすという考えもある[17]。

ピッカードとティマン（B. G. Pickard and K. V. Thimann, 1966）[18]は、パンコムギ（*Triticum aestvum ssp.vulgare*）の幼葉鞘を10^{-5}Mレベルのジベレリン（gibberellic acid）とカイネチン（kinetin）で36時間、34℃で処理し、アミロプラストのデンプン粒を加水分解すると、成長速度は変わらないが重力屈性反応が消失することを明らかにした。この結果は、コショウソウの根やヒラマメの根でも確認されている。また、シロイヌナズナのデンプン欠損（プラスチドフォスフォグルコムターゼ活性が低い）突然変異株*TC7*と*ACG21*の重力屈性反応を調べたところ、重力屈性を示すが、最小刺激時間は長くなるなど重力刺激に対する感受性が減少していた[19]。つまり、重力センサーに欠陥があることを示している。

前述した根冠を剥離した根の重力屈性反応がコルメラ細胞が再生する前に回復したのは、根冠を剥離すると、デンプン粒が根本体の静止中心（quiescent center）（図3）で合成され始めるからである。デンプン粒の生成は根冠剥離後24時間頃に顕著になり、この頃から重力刺激に反応するようになる。

以上のように状況証拠としては、重力センサーとしてアミロプラストが有力な候補であることを示唆している。しかし、人間の平衡感覚のように有毛細胞に相当する器官が明らかになっていないし、さらには、生体信号変換の実体がまったく分かっていない。つまり、アミロプラストの沈降によって何が起こるのかが、ほとんど明らかになっていない。重力センサーの探索は、直接的証拠を見つける段階にきている。

5. 重力刺激の生体信号への変換

根や茎は成長軸に対して対称な構造をしているので、重力刺激を与えたとき、成長軸を境にして、上側（反刺激側）の細胞と下側（刺激側）の細胞では反応が異なると予想される（図7）。この空間的位置の差による「反応の差」（位置情報）が根冠全体に波及し、その結果、根冠から伸長域へ伝達される信号に、刺激側と反刺激側で「違い」を生じる。そこで、重力屈性反応を考えるときは、常に、この「反応の差」を意識する必要がある。さらに、直接的証拠

を見つけるためには「real-time and single-cell imaging 技術」が必要であるが、刺激を与えることは空間的な位置の変化を伴うため、反応を検出する装置とのからみで、なかなか難しい。そこで、可視的な屈曲、表皮のpH変化、表面電位、などを指標に、種々の薬剤で根冠を処理した根の反応を調べるという間接的な方法が、専ら行われていた。

最初のコルメラ細胞における直接的証拠は、実験材料と電極系を同時に回

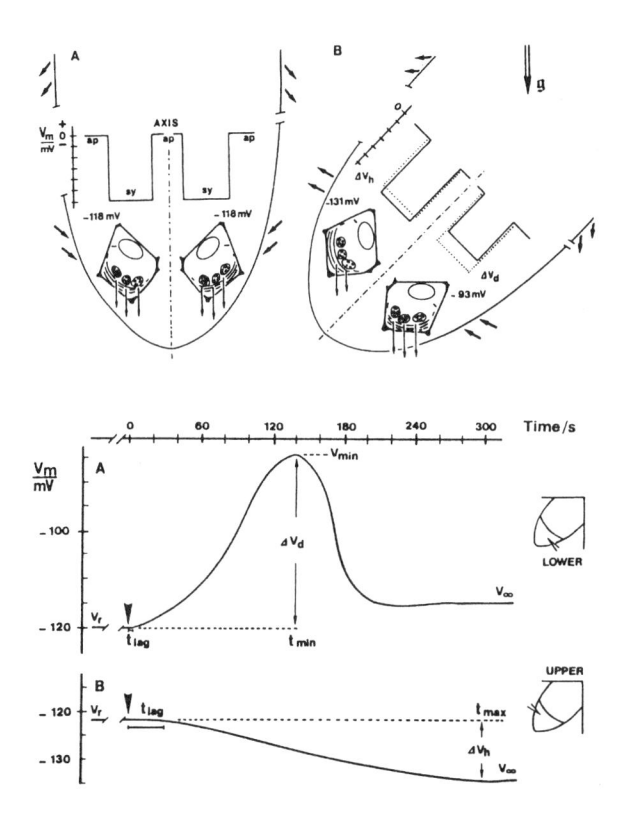

図8 重力刺激と膜電位変化

上：コショウソウ主根のコルメラ細胞における重力刺激に伴う膜電位変化．下：膜電位の経時的変化．ap: アポプラスト，sy: シンプラスト，Δ Vh: 膜電位の過分極の大きさ，Δ Vd: 膜電位の脱分極の大きさ，Vr: 主根が鉛直方向を向いているときの膜電位，tlag: 潜伏期（重力刺激後、変化が起こるまでの時間）．上の図の矢印は電流の向きを示す．
(出所：H.M.Behrens et al.,「Membrane-potential response following gravistimulation in roots of *Lepidium sativum L.*」, Planta, 1985)

転させる必要があり非常に大変ではあったが、電気生理学的手法により見つけられた。

ベーレンら（H. M. Behrens et al., 1985）[20]は、微小電極を用い、コショウソウのコルメラ細胞の重力刺激に伴う膜電位変化を調べた（図8）。刺激側では7秒後から脱分極（普通、細胞内が細胞外に対してマイナスに分極しているので、この分極が減少する現象）が始まり、140秒後に最小電圧になる一過性の変化、反刺激側では30秒後から始まるゆるやかな過分極が起こる（-118mV→-131mV）ことを観察した。この位置情報を含む膜電位変化の実体は分かっていないが、細胞内信号カスケード反応の担い手、つまりセカンドメッセンジャー（second messenger）をpH変化かCa^{2+}にするかの立場から説明されている。

(1) pH変化

重力屈性とpHの関わりは、マルキーとエバンス（T. J. Mulkey and M. L. Evans, 1981）[21]が、重力屈性反応における表皮のpHの変化をトウモロコシの根で調べ、反刺激側ではpH減少域が伸長域から根端に広がり、刺激側では伸長域にせばまることを見つけたことが糸口である。しかし、この現象は重力刺激によるのではなく、シグナル分子の移動によると考えられた。

スコットとアレン（A. C. Scott and N. S. Allen, 1999）[22]は、生体信号への変換におけるセカンドメッセンジャーとして細胞内pH変化の関与を調べるため、細胞内pHセンサーであるBCEFC-dextranをシロイヌナズナのコルメラ細胞にマイクロインジェクションし、重力刺激を与えたところ、一番感受性のあるコルメラ細胞群の細胞内pHが7.2から7.6に変化した（このpHの変化は刺激側で55秒後に、反刺激側で100秒後に達している）。また、フェサノら（J. M. Fasano et al., 2001）[23]も、細胞壁pHセンサー（cellulose binding domain peptide-Oregon green conjugate）と細胞内pHセンサー（pH-sensitive GFP）を使用して、同様にシロイヌナズナの根冠で調べたところ、コルメラ細胞内pH変化は一過性で30秒以内に7.2から7.6へ変わり、細胞壁pHは刺激後2分で5.5から4.5へ変化することを明らかにした。また、Caged Probe（nitrophenyl ethyl ester）を用い細胞内pHを酸性側にすると重力屈性反応が遅くなることを見ている。重力

刺激による細胞内pH変化は生体における重力信号カスケードの初期反応であるかもしれない。しかし、細胞内pH変化がどうして誘発されるかは不明である。また、コルメラ細胞内pHの増加および根冠細胞壁におけるpHの減少の位置情報がはっきりしていないので、どのようにして屈曲とつながるか不明である。

細胞内pHが高くなることは細胞内からH^+が放出されることを示している。これは細胞内のマイナス化が大きくなることであり、分極が大きく、つまり過分極になることである。H^+の濃度は細胞外が大きい（pHが低い）ので、H^+の放出にはH^+-ATPase（プロトンポンプ）か他種イオンの移動を利用しなければならない。重力の生体信号への変換には、H^+-ATPaseの活性が関わっているのかもしれない。

(2) カルシウムイオン

重力屈性とCa^{2+}の関わりは、リーら（T. S. Lee et al., 1983）[24] が、トウモロコシの根を EDTA（Ca^{2+}のキレート剤）で処理すると重力屈性反応が起こらないことを見つけたのが糸口である。

前述の位置情報を含んだ膜電位の変化は根冠全体にも反映され、振動電極法で電流を測定すると、鉛直状態では流入していた電流が、横たえると刺激側では流入のままであるが2～6分以内に反刺激側で流出するようになる。この電流のイオン源はH^+と考えられているが、根冠をCa^{2+}結合タンパク質であるカルモデュリン（calmodulin）の阻害剤で処理すると、この電流流出入の変化が阻害された[25]。これは上の細胞壁pHの減少に関わるH^+-ATPaseの活性にCa^{2+}カスケード反応が関わっている可能性を示す。しかし、細胞内Ca^{2+}センサーを使用した方法によっても重力刺激による細胞内Ca^{2+}の変化はとらえられていない。

ビュオルクマンとクリーランド（T. Björkman and A. C. Cleland, 1991）[26] は、根冠を剥離した後、根冠は再生していないが重力屈性反応の感受性を回復した根を用い、重力刺激後、先端細胞のアポプラスト（apoplast）のCa^{2+}濃度変化を微小カルシウム電極で調べ、反刺激側では、刺激後直ちにCa^{2+}濃度（初期濃

度2.5mM）が減少し始め、刺激側では刺激後5分頃からCa^{2+}濃度が増加し始め、15分後にその差が約3mMになることを明らかにした。根端をCa^{2+}のキレート剤であるEGTAで処理すると重力屈性反応は抑制されるので、根端におけるCa^{2+}濃度勾配は重力信号カスケード反応の1つである。どのようにしてこのCa^{2+}濃度勾配が形成されるかは不明であるが、^{45}Ca^{2+}を使用した実験より、反刺激側から刺激側へ極性的に横移動（lateral transport）するという考えが提案されている[27]。

このように重力信号のカスケード反応においてCa^{2+}とpH変化はどちらも重要な役割を担っているので、どちらがこのカスケード反応の上流にあるかは、今後の課題である。我々は、1つの現象をCa^{2+}とpH変化で見ているのかもしれない。

多くのアポプラストのCa^{2+}は、細胞壁ペクチン分子のカルボキシル基にトラップされ、ペクチン分子間カルシウム架橋を作っている。そこで、鈴木ら（T. Suzuki et al., 1994）[28]は、アポプラストにおけるpHの減少とからませ、H$^+$とCa^{2+}の交換反応を重力信号カスケード反応の1つとする考えを提案している。

6. シグナル分子

シグナル分子の探索は、信号応答部位の反応様式を調べることから始まる。屈曲が刺激側の成長抑制によって起こるのであれば成長抑制物質を、反刺激側の成長促進によって起こるのであれば成長促進物質が候補になる。しかし、コンピュータと画像処理技術を駆使して詳細に反応様式を調べると、図4からも分かるように重力屈性反応が複雑であることが明らかになってきた。このような複雑な反応様式を、古典的に、1つのシグナル分子の動向で説明することは、非常に難しいことも分かってきた。この図の材料であるトウモロコシの根の場合、最大伸長域の成長はオーキシン［auxin：生体が合成するのはIAA（インドール酢酸）である］により制御されるが、初期伸長域の成長はオーキシンにより制御されない。初期伸長域の成長はH$^+$によって制御されているようである。

成長方向を再び鉛直方向に戻すまで複雑な反応過程を示すが、最大伸長域の反応様式を無視することはできないので、その反応様式を制御するシグナル分子の候補についての探索は重要である。候補分子、さらにその動向は、根や茎によって違う。

これまでの研究より、根におけるシグナル分子は次の点をクリアーしなければならない。①最大伸長域の成長を抑制し、②根端から伸長域へ移動し（求基的輸送：basipetal transport）、③最大伸長域で反刺激側と刺激側とで偏差成長を誘導するために必要な濃度勾配（偏差分布）があり、④この濃度勾配は根端で作られる。

④の点は、必ずしもコロドニー・ウェント（N. Cholodny and F. W. Went）仮説であるシグナル分子自体の反刺激側から刺激側への移動（横移動：lateral transport）を考えることはない。シグナル分子の合成量や移動量の差、さらにはシグナル分子に対する伸長域細胞の感受性に差、などがあれば物質的あるいは反応的勾配は作られるので、これらの差を起こす原因物質の移動（例えば、Ca^{2+}やH^+）が起こればよいことになる。

根で候補になっていたのは、オーキシン、アブシジン酸およびCa^{2+}であった。それは、これらの物質が根の成長を抑制したからである。しかし、成長抑制を報告した実験方法を見ると、伸長域の表皮組織をこれらの物質で直接処理する方法、あるいは物質の求基的移動を考慮し、寒天片などにこれらの物質を含ませて根端に与える方法で行っている。前者の方法は、物質の求基的移動を考慮していない。後者の方法は、物質の直接的な成長抑制効果ではなく、物質が根冠細胞に作用した結果、つまり、見掛け上の成長抑制効果を見ている可能性がある。アブシジン酸で観察される成長抑制効果は、アブシジン酸による細胞内へのCa^{2+}の動員の結果と考えられている。そこで、根端を切除した根を用いて求基的移動だけによるこれらの物質の効果を調べると、オーキシンだけが10^{-7}M以上で成長抑制効果を持つことが分かった。しかし、「内生オーキシン」の根冠における横移動や伸長域における濃度勾配は、多くの実験が行われているにもかかわらず確認されていない（[^{3}H]-IAAの横移動は観察されている）[29), 30)]。測定しているIAAが拡散性ではなくメタノール抽出性を対象にしていることが

多い。候補の物質で、内生で横移動が確認されているのはCa^{2+}だけである。しかし、Ca^{2+}は求基的移動をしない。

シロイヌナズナの重力屈性異常突然変異体は、オーキシンに反応しないオーキシン耐性かあるいはオーキシン輸送に異常があるからと考えられている[31]。クローニングされたオーキシン輸送に関わっていると考えられている*AUX1*や*AGR1/EIR1/PIN2*遺伝子は、初期伸長域や最大伸長域の皮層や表皮では発現する。しかし、根冠では発現しない[32]。

このように、根ではコロドニー・ウェント仮説がいうオーキシンの偏差分布ははっきりしないが、オーキシンが重力屈性反応に関わっていることは否定できないようである。

一方、鈴木ら（1979）[33]は、光依存重力屈性を示すトウモロコシ（品種 Golden × Bantam 70）の根のメタノール抽出物の中に、重力刺激により偏差分布（根の成長抑制率から推測）を示す酸性物質（未同定）を見つけた。しかし、この物質については研究が進展していない。

幼葉鞘や胚軸でも、状況は根と同じである。放射性-IAAの偏差分布は、重力屈性でコロドニー・ウェント仮説を裏付けたドルク（H. E. Dolk, 1930）が材料にしたエンバク（*Avena sativa*）の幼葉鞘、ゴガツササゲの胚軸、ヒマワリ（*Helianthus annuus*）の胚軸、などで観察されている[34]。機器分析により内生IAAの偏差分布が確認されているのはトウモロコシの幼葉鞘だけであるが、その偏差分布が偏差成長を誘導するかははっきりしていない[35]。

7. 重力信号のカスケード反応とシグナル分子

根の場合、根冠のコルメラ細胞における重力信号カスケードの初期反応の主役であるpH変化とCa^{2+}とシグナル分子とをつなぐ反応は、最大伸長域における屈曲をつなぐ非常に重要な信号伝達であるにもかかわらずあまり研究は行われていない。鈴木ら（2001）[36]は、シグナル分子として移動性IAA（diffusible IAA）を一応の候補とし、重力刺激後40分の最大伸長域2-3 mmにおける拡散性IAAが約1.5 μM（アポプラストにおける濃度で、アポプラストの

体積は材料として部域の乾燥質量に相当するとして計算した）であるのに、根端域（0-1mm）では非常に少ない（約 $0.5\,\mu M$）ことを見つけた（図9）。そこで、重力刺激により基部方向へ移動する移動性IAAの源は細胞壁結合性IAA（cell wall-bound IAA）（約 $5\,\mu M$）であり、根冠アポプラストで遊離型 Ca^{2+} 濃度が上昇することを前提に、Ca^{2+} は細胞壁結合性IAAからIAAを解離す

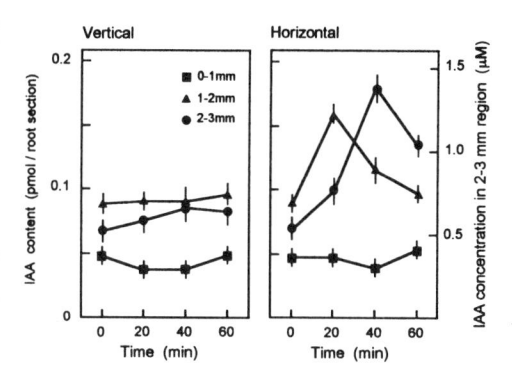

図9 トウモロコシ種子根の根端における重力刺激に伴う拡散性IAAの動向

拡散性IAAは1mm切片から水に拡散してくるIAAを測定した．Vertical: 鉛直方向、Horizontal: 重力刺激下．アポプラストにおけるIAAのモル濃度は、体積を乾燥質量と同じと仮定して算出した．

る反応に関わっているのではないかと考えている（Ca^{2+} 依存IAA解離反応）。つまり、根の中心柱を根端方向に移動してきた茎頂由来のIAAは根端で細胞壁に結合して無毒化しているが、重力刺激を受けると、アポプラスにおける H^+/Ca^{2+} 交換反応によってペクチン質から解離した Ca^{2+} のために、結合性IAAから遊離し、移動性IAAとなって伸長域へ移動性するという重力信号カスケード反応が考えられる。

8. おわりに

もう一度、図1をじっと見ていただきたい。そして、植物の姿勢制御の仕組みの複雑さについて、生物の進化と重力について、さらには宇宙船における植物の生活についてまで、想像をめぐらして下さい。

　根の重力屈性を中心に話を展開してきたきらいがあるが、著者の研究対象が根の重力屈性であるということでご容赦いただきたい。重力屈性の研究が古くて新しいことを感じていただければ幸いである。

文献

1) Graham, L. E. (1993) Origin of land plants. John Wiley & Sons, Inc. ; 渡邊信・堀輝三共訳 (1996)『陸上植物の起源 — 緑藻から緑色植物へ —』、内田老鶴圃。
2) 水野丈夫ほか (1998)『新編生物 IB』、東京書籍。
3) Perbal, G., Driss-Ecole, D., Tewinkel, M. and Volkmann, D. (1997) Statocyte polarity and gravisensitivity in seedling roots grown in microgravity. Planta 20S, S57-S62.
4) Audus, L J. (1969) Geotropism. In Wilkins M.B., ed, The physiology of plant growth and development. McGraw-Hill (London) pp 204-242.
5) 増田芳雄 (1992)『植物学史 — 19世紀における植物生理学の確立期を中心に —』、培風館。
6) Ishikawa, H. and Evans, M.L. (1991) Computer-based video digitizer analysis of surface extension in maize roots. Kinetics of growth rate changes during gravitropism. Planta 181, 381-390.
7) Juniper, B.E., Groves, S., Landau-Schachar, B. and Audus, L. (1966) Root cap and the perception of gravity. Nature 209, 93-94.
8) Wilkins, H. and Wain, R.L. (1975) Abscisic acid and the response of the roots of Zea mays L. seedlings to gravity. Planta 126, 19-23.
9) Blancaflor, E.B., Fasano, J.M. and Gilroy, S. (1998) Mapping the functional roles of cap cells in the response of Arabidopsis primary roots to gravity. Plant Physiol. 116, 213-222.
10) Ishikawa, H. and Evans, M.L. (1990) Gravity-induced changes in intracellular potential in elongating cortical cells of mung bean roots. Plant & Cell Physiol. 31, 457-462.
11) Wareing, P.F. and Phillips, I.D.J. (1981) Growth and differentiation in plants. Pergamon Press Ltd. ; 古谷雅樹監訳 (1983)『植物の成長と分化』、学会出版センター。
12) 菅洋 (1990) 高等植物の重力反応 — 禾本科草本葉枕の重力屈性 —、In 菅洋編『宇宙植物学の課題 — 植物の重力反応 —』、学会出版センター pp 73-94。
13) 中村輝子・根岸容子・米山恵未・佐々菜緒美・山田晃弘 (2000) 樹木における微小重力環境下の成長と重力感受装置について、In: IGEシリーズ28『宇宙植物科学の最前線 — Perspective of plant research in space —』、東北大学遺伝生態研究センター pp 167-173。
14) Shen-Miller, J. and Hinchman, R.R. (1974) Gravity sensing in plants: A critique of the statolith theory. BioScience 24(11), 643-651.
15) Sack, F.D. (1997) Plastids and gravitropic sensing. Planta 203, S63-S68.
16) Sievers, A., Buchen, B., Volkmann, S. and Hejnowicz, Z. (1991) Role of the cytoskeleton in gravity perception. In: Lloyd, C.W., ed, The cytoskeletal basis of plant growth and form. Academic Press (London, New York) pp 169-182.
17) Baluska, F. and Hasenstein, K.H. (1997) Root cytoskeleton: its role in perception of and response to gravity. Planta 203, S69-S78.
18) Pickard, B.G. and Thimann, K.V. (1966) Geotropic response of wheat coleoptiles in absence of amyloplast starch. J. gen. Physiol. 49, 1065-1086.
19) Kiss, J.Z., Hertel, R. and Sack, F.D. (1989) Amyloplasts are necessary for full gravitropic

sensitivity in roots of Arabidopsis thaliana. Planta 177, 198-206.
20) Behrens, H.M., Gradmann, D. and Sievers, A. (1985) Membrane-potential response following gravistimulation in roots of Lepisium sativum L.. Planta 163, 463-472.
21) Mulkey, T.J. and Evans M.L. (1981) Geotropism in corn roots: evidence for its mediation by differential acdi efflux. Science 212, 70-71.
22) Scott, A.C. and Allen, N.S. (1999) Changes in cytosolic pH within Arabidopsis root columella cells play a key role in the early signaling pathway for root gravitropism. Plant Physiol. 121, 1291-1298.
23) Fasano, J.M., Swanson, S.J., Blancaflor, E.B., Dowd, P.E., Kao, T. and Gilroy, S. (2001) Changes in root cap pH are required for the gravity response of the Arabidopsis root. The Plant Cell 13, 907-921.
24) Lee, J.S., Mulkey, T.J. and Evans, M.L. (1983) Reversible loss of gravitropic sensitivity in maize roots after tip application of calcium chelators. Science 220, 1375-1376.
25) Bjorkmann, T. and Leopold, A.C. (1987) Effect of inhibition auxin transport and calmodulin on a gravisensing electric current. Plant Physiol. 84, 847-850.
26) Bjorkmann, T. and Cleland, R.E. (1991) The role of extracellular free-calcium gradients in gravitropic signaling in maize roots. Planta 185, 379-384.
27) Lee, J.S., Mulkey, T.J. and Evans, M.L. (1983) Gravity induced polar transport of calcium across root tips in maize. Plant Physiol. 73, 874-876.
28) Suzuki, T., Takeda, C. and Sugawara, T. (1994) The action of gravity in agravitropic Zea primary roots: effects of gravistimulation on the extracellular free-Ca2+ content in the 1-mm apical root tip in the dark. Planta 1994, 379-383.
29) Evans, M.L. and Ishikawa, H. (1997) Cellular specificity of the gravitropic motor response in roots. Planta 203, S115-S122.
30) Ghen, R., Rosen, E. and Masson, P.H. (1999) Gravitropism in higher plants. Plant Physiol. 120, 343-350.
31) 深城英弘・田坂昌生 (2000)『重力屈性の遺伝的制御』、In: 細胞工学別冊 植物細胞工学シリーズ12 岡田清孝・町田泰則・松岡信監修『新版植物の形を決める分子機構 ― 形態形成を支配する遺伝子のはたらきに迫る ― 』、秀潤社 pp 257-267。
32) Chen, R., Hilson, P., Sedbrook, J., Rosen, E., Caspar, T. and Masson, P. (1998) The Arabidopsis thaliana AGRAVITROPIC 1 gene encodes a component of the polar-auxin- transport efflux carrier. Proc. Natl. Acad. Sci. USA 95, 15112-15117.
33) Suzuki, T., Kondo, N. and Fujii, T. (1979) Distribution of growth regulators in relation to the light-induced geotropic responsiviness in Zea roots. Planta 145, 323-329.
34) Parker, K.E. (1991) Auxin metablism and transport during gravitropism. Physiol. Plant. 82, 477-482.
35) 飯野盛利 (1991) オーキシンはホルモンか?、『植物の化学調節 26(1)』、51-76。
36) Suzuki, T., Takahashi, H. and Kato, R. (2001) Auxin and calcium in root gravitropism. Proceedings of the 6th symposium of the international society of root research, 30-31.

紙面フォーラム

質問1 宇宙のような無重力下では植物の運動はどうなるのか。

解答1
　種子で胚は茎頂と根端の位置は決まっている。つまり、軸性があるので、地球上でも地上部（幼葉鞘、胚軸）も根もその軸をまっすぐ伸ばすように発芽した後、重力方向や逆方向に成長する。微小重力環境では、根は、軸をまっすぐ伸ばすように伸び続ける。一方、地上部は、胚軸は軸をまっすぐ伸ばすように伸び続けるが、幼葉鞘は軸からある角度をもって成長する、つまり、発芽後、自発的な屈曲を示すようである。

質問2 重力屈性はオーキシンの偏差分布ではなく、成長抑制物質が関与しているという論文がかつて鈴木先生らによって報告されているが、その正体は明らかにされているのか。もし現在の知見では、オーキシンの偏差分布が重要な要因とされるとしたらどのような変化（研究上）があったのか。

解答2
　我々が、根の重力屈性のシグナル分子の候補として提案した成長抑制物質（メタノール抽出性酸性物質）の正体は、まだ明らかにされていない。シグナル分子としてオーキシンが考えられているのは、オーキシンの作用を打ち消すような処理をすると重力屈性反応も打ち消されるという状況的証拠が多いからである。しかし、内生オーキシンの横移動は明らかにされていないので、Cholodny-Went説のオーキシンの横移動に関しては否定的である。最大伸長域細胞の刺激側と反刺激側でオーキシンに対する感受性の差（原因は明らかにされていない）などの説が提案されている。

第4節　接触屈性 ——エンドウの巻きひげについて——

　つる性の植物が巻きひげ（tendril）で他の物に巻きついて自分の体を保持し安定させるのは、植物が接触刺激に対して示す反応で、生理的運動の1つである。植物が巻きつく器官は、ブドウやカボチャなどでは茎が、スイトピーでは葉身が、ノウゼンハレンでは葉柄が、エンドウでは小葉が、トケイソウでは花柄が、ビロウドカズラでは根が変形したものである。植物の巻きつく器官に接触刺激を与えると、刺激を受けた面を凹面にして屈曲し、物に巻きつく典型的な接触屈性（thigmotoropisum、例：ブドウ、ヤブガラシ）を示すものと、刺激をどこに受けても、刺激を受けた面とは関係なく構造的に屈曲の方向が決まっていて、その決められた方向に屈曲するという接触傾性（thigmonasty、キュウリ、トケイソウ）とがある。

　およそ1世紀前、ダーウィン（C. Darwin, 1880 [1]）は、著書『植物の運動力』の中で、巻きひげが支柱に巻きつくメカニズムについて述べている。彼によると、巻きひげの先端部に接触刺激を与えると、先端部の腹側と背側の組織の細胞に膨圧の差が生じ、刺激を受けた側の細胞が収縮し、反対側の細胞が伸長することで屈曲が起こると述べている。多くの研究者が巻きひげの屈曲運動のメカニズムの解明にたずさわってきた。ウムラート（K. Umrath, 1934 [2]）はメロンの巻きひげに刺激を与えると、巻きひげの組織内に活動電位が生じることに着目し、この活動電位が屈曲開始のシグナルになっているのではないかと考えた。その後、キュウリやエンドウの巻きひげでも、刺激を受けると、組織内に活動電位が生じることが報告された[3,4]。また、巻きひげの組織細胞の細胞膜上に局在しているATPアーゼが、刺激によって発生した活動電位の伝播によって活性化され、細胞膜を介してイオンや蔗糖や、その他の炭水化物、水などの移動が起きる。その結果、細胞の吸水や成長が変化するために屈曲が起きるのであろうとも言われている。さらに、刺激によって生じた活動電位が伝播し

て細胞膜のイオンの透過性に影響し、イオンの再分布を生じる。その結果、遊離オーキシン量が変化して接触刺激を受けた巻きひげで偏差成長を促して、屈曲を誘導するという考えもある[4]。

巻きひげが屈曲を起こす要因として、植物ホルモン、とりわけオーキシンが関与しているという報告は多い[3,5,6,7,8,9,10,11]。しかし、巻きひげに接触刺激を与えてから屈曲現象が認められるのに要する時間は、速いものでは刺激を受けて1分以内（例: トケイソウ）であるともいわれている。したがって、オーキシンが植物組織を移動する速さから考えて、巻きひげの屈曲の第一要因としてオーキシンを挙げることは考えにくい。また、巻きひげに刺激を与えるとエチレンが発生し、これがオーキシンの活性に影響を与えているのではないかという考えもある[12]。このように、植物が他の物にからみつく運動のメカニズムを解明するために多くの研究者が関わってきたが、未だに正解は得られていない。そこで、筆者も接触屈性のメカニズムについて知りたいと思い、エンドウの巻きひげを用いて接触屈性を調べることにした。ここではエンドウの巻きひげについて得られた知見を中心に、接触屈性について述べる。

1. エンドウ巻きひげの接触刺激による屈曲角の変化

エンドウ（*Pisum sativum* L.）を発芽・成長させ、茎が第5節まで形成される（草丈約15cm）と、その先端に最初の巻きひげが伸びてくる。この巻きひげは図1-0で見られるように、先端は1本で、一方にやや湾曲している。湾曲部の断面は、湾曲の内側が凹面をしたカマボコ型を呈し、いわゆる背腹性がある。これより上位の節（第6節以上）に形成される巻きひげは、先端が2または3本に分枝していて、屈曲実験には適しない。また、巻きひげの長さが短い（20mm以下）と、刺激に対して反応が鈍く、ほとんど屈曲を示さない。長さ25～30mmに伸びた巻きひげが、刺激に対して最も敏感に応答する。そこで、この長さに成長した巻きひげを持つエンドウの茎を、第3節間で切り取り、切り口を直ちに水または、実験によっては緩衝液やいろいろの薬剤を含む緩衝液に漬けて2時間静置した後に、接触実験を行った。

エンドウ巻きひげの湾曲した内側（以下腹側という、ventral side）の先端7～

8mmのところ（図1-0、矢印）から先端へ向かってこするように5回連続して、パスツールピペットで刺激を与え（以下これを1度の刺激とする）、その後時間を追って写真撮影し（図1）、屈曲角度を測定した（図2）。巻きひげは、刺激を受けた直後から腹側を内向きにして屈曲を開始し、20分後には屈曲角度が最大になった。その後、屈曲角度は徐々に減少し、刺激を受けてから120〜180分で刺激を受ける前のように伸びた状態に戻る。しかし、湾曲した外側（以下背側という、dosal side）に刺激を与えても、多少の動きはあるが、屈曲は起こらない。このようにエンドウの巻きひげは、刺激を受けた面を凹にして屈曲を示す場合と、刺激を受けても屈曲を示さない面とを持っていることが分かる。それゆえエンドウ

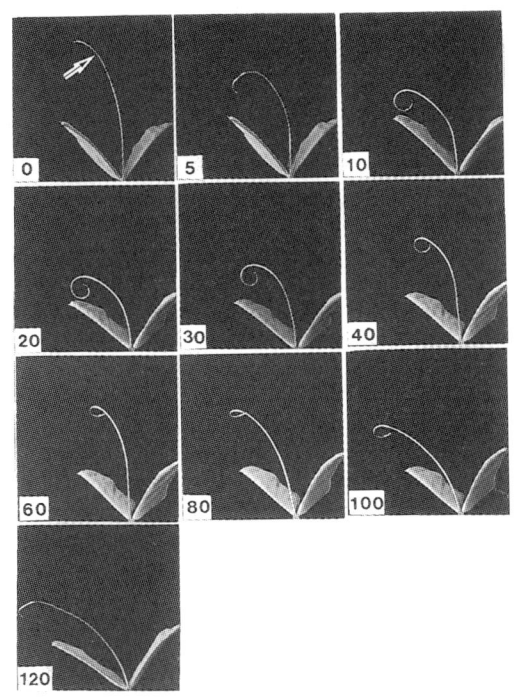

図1　エンドウ巻きひげの屈曲運動

芽生えの第五節から伸びた巻きひげ。湾曲した内側（腹側）の矢印部から先端に向かって1度刺激を与え、その後時間を追って写真撮影したもの。図中の数字は刺激を与えてからの時間（分）を示す。

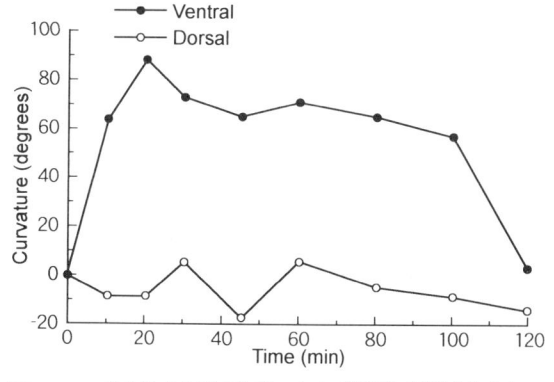

図2　エンドウ巻きひげの腹側、および背側に刺激を与えた後の屈曲角の変化（5個体の平均値）

の巻きひげの屈曲は、真の接触屈性と典型的な接触傾性の中間的なものといわれている[13]。

また、エンドウの茎を切り離し、切り口を水につけるなどの操作中に、巻きひげに与えてしまった刺激の影響がなくなったというには、茎の切り口を水につけてから少なくとも2時間を要することが分かったので、実験は切り離し操作後2時間静置してから開始した。

次に腹側で刺激を最も敏感に関知する部位を知るために、図3に示す3か所をそれぞれ刺激したところ、通常、刺激を与えた部分が最も大きく曲がるが、その中でも先端3～5mmの部位（図3の②）を刺激した場合が最も屈曲は大きかった[14]。そこで、以下に述べる表皮細胞の顕微鏡観察や細胞のサイズの計測にはこの部分の表皮を剥いで用いた。

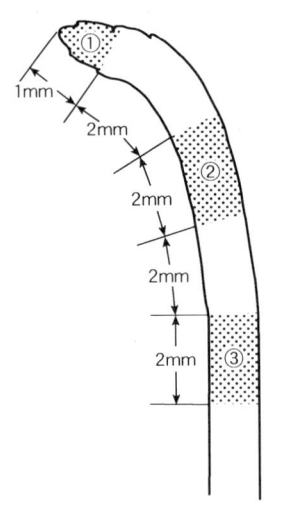

図3　エンドウ巻きひげの刺激感受部

2. 接触刺激による表皮細胞のサイズの変化

先に述べたように、接触刺激を受けた巻きひげでは、巻きひげの腹側と背側の組織の細胞に膨圧の差が生じる[1]と言われており、また、ジェフィとゴールストン（M. J. Jaffe and A. W. Galston, 1967 [15]）は巻きひげの屈性は屈曲角（curvature）のほかに伸長成長（elongation）をも要因として考えるべきであると述べているが、筆者らは膨圧の変化を知る目安として細胞のサイズを測った。刺激を与えた巻きひげの腹側と背側の表皮を時間を追って剥ぎとり、固定・染色して、光学顕微鏡写真をとり、写真上で細胞の長さ（巻きひげの長軸方向に平行）と幅（巻きひげの短軸方向に平行）を測った（図4）。

刺激を受ける前の巻きひげの表皮細胞のサイズは、腹側細胞の方が背側の細胞に比べて細胞長も細胞幅も、ともに大であった。すなわち細胞の体積は背側より腹側の方が大きいと言える。ところが刺激を受けた巻きひげでは、腹側の細胞は細胞長も細胞幅も速やかに減少し、背側細胞よりも小さくなった。し

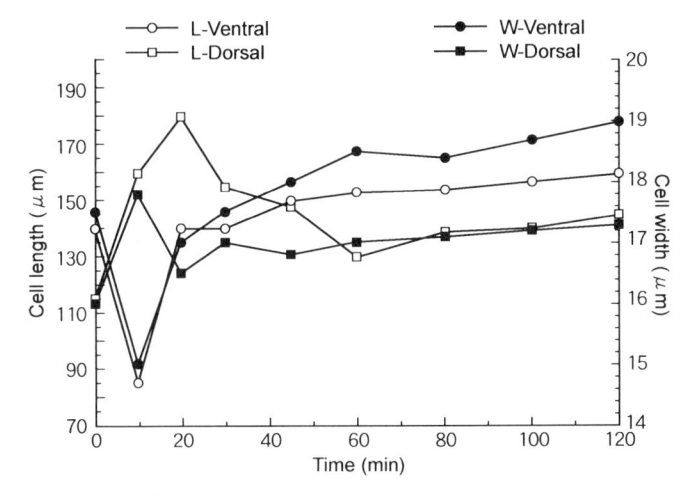

図4 接触刺激を与えた後のエンドウ巻きひげの腹および背の表皮（図3-②部分）の細胞長（L）と細胞幅（W）

各プロットについては、5個体の表皮を剥ぎとり、各表皮について10細胞を測定した平均値。

かし、腹側細胞は速やかに元のサイズにまで回復した。この減少のピークは、長さにおいても幅においても刺激を与えて10分後に見られ、もとのサイズに戻るのにも10分を要した（刺激後20分）。一方、背側の細胞は、長さも幅も刺激後は増大した。細胞幅の増大は刺激後10分間でピークに達し、その後10分間で減少したが、完全に刺激前のサイズには戻らなかった。細胞長の増大のピークは、刺激を与えた後20分目に見られ、その後40分かかって細胞長は徐々に減少するが、これも完全にはもとのサイズに戻らなかった。背側細胞が最も大きいときは、刺激を受ける前の細胞に比べて、幅において10％、長さでは約60％もの増大率を示した。また、腹側細胞が最も小さいときの短縮率は、幅においては10％、長さにおいて35％であった。

　以上に述べたように、刺激を受ける前の背側の細胞は腹側の細胞より幅も長さも小さい。しかし、刺激を受けて5分後には、すでに背側細胞の方が腹側細胞より幅・長さともにサイズが大となった。しかも、背側細胞の細胞長は刺激を受けて40分後までは、腹側細胞のそれより長い状態であり続けた。

　このようにエンドウの巻きひげは刺激を受けると、巻きひげの腹側細胞は速やかに体積を減らし、また速やかに元のサイズに戻るが、背側細胞は腹側細

胞よりはゆっくりと体積を増大し、また、ゆっくりと元の体積に戻るという変化を示すことが分かったが、この細胞の体積変化を、筆者らは細胞の膨圧の変化を表していると考えた。すなわち、巻きひげが刺激を受けると、まず、腹側細胞の膨圧低下により細胞が収縮し、同時に背側細胞の膨圧が上昇して細胞の膨大が起きる。この腹側・背側の膨圧の偏差が巻きひげに屈曲現象をもたらす。このとき腹側と背側で膨圧の変化の持続時間に差があるので、屈曲現象の持続時間が長くなっていると言えよう。この細胞サイズの縮小と膨大の変化、すなわち細胞の膨圧の変化のうち、とりわけ背側表皮細胞の膨圧の変化の時間経過は、図2に示す巻きひげの屈曲角の変化の経過時間と相関していることが分かった。

3. 細胞膨圧の変化の要因

　刺激を受けた巻きひげの細胞における膨圧の変化は何によって起きるのだろうか。最近の考えでは、巻きひげが接触刺激を受けると、巻きひげの組織内に活動電位が生じ、この電位が伝播されて（0.5〜40mm/sec）細胞膜に結合しているATPaseを活性化し、細胞膜のイオンの透過性に影響を与えて、細胞内のイオンの分布を変え、これに伴って水の移動が起こり、細胞の膨圧に変化が生じて、屈曲が生じるというものである。この膨圧の変化に関わるイオンとしてカリウムイオンを挙げることができる。その理由は、巻きひげの接触刺激による屈曲運動と同じように、細胞の膨圧の変化によって起こるとされているオジギソウの接触傾性運動や気孔の開閉運動では、これらの運動に関わる細胞で膨圧が変化する際に、細胞のカリウムイオンの分布が変わると報告されている[16, 17]からである。

　オジギソウの接触傾性運動は、刺激を受けて屈曲するとき、葉枕の下側の運動細胞内のカリウムイオンが細胞間隙へ流出して、膨圧が下がるという[16]。また、気孔の開閉運動においても、孔辺細胞の膨圧が上がるときは、細胞内のカリウムイオンが増加し、このとき水を浸透的に取り込む。膨圧が低下するとき、カリウムイオンは細胞外に流出し、同時に水も浸透によって流出することが分かっている[17, 18]。すなわち、カリウムイオンの流れに伴って水が細胞に入った

り出たりする。その結果、細胞の膨圧に変化が起こると考えられている。

　そこで、エンドウの巻きひげにおいても、接触刺激によって腹側細胞と背側細胞でカリウムイオン量に差が認められるのではないかと考えて、表皮細胞におけるカリウムイオンの存在をGomoriの変法[19]を用いて、顕微細胞化学的に調べた（図5）。無刺激の腹側（図5-1）、背側（図5-2）および刺激を受けた腹側（図5-3）の表皮細胞に比べ、刺激を受けた背側（図5-4）の表皮細胞で、カリウムの存在を示す粒状沈澱物が最も多量に認められた。細胞当たりの沈澱粒の数を計測していないので定量的なことは言えないにしても、この結果は巻きひげの接触屈性における膨圧の変化にも、カリウムイオンが関わっていることを示唆するものであろう。

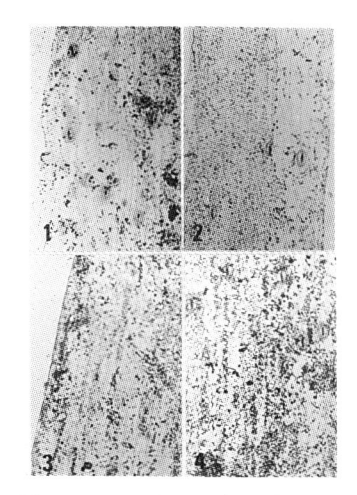

図5　エンドウ巻きひげの表皮細胞におけるGomoriの変法によるカリウムイオンの検出

1：無刺激腹側表皮、2：無刺激背側表皮、3：刺激後（30分目）の腹側表皮、4：刺激後（30分目）の背側表皮。（光学顕微鏡写真）

　また、細胞内のカリウムイオン量に影響を及ぼすと言われる薬剤のバナジン酸（vanadic acid）または、バリノマイシン（valinomycin）を巻きひげに取り込ませた後に、巻きひげの腹側に刺激を与え、屈曲に及ぼす影響を調べた。その結果、バナジン酸を取り込ませた場合も、バリノマイシンを取り込ませた場合も、屈曲は抑制された。バナジン酸はカリウムイオンチャネルに連動してプロトンポンプを阻害する薬剤である。気孔の開閉の際、孔辺細胞で認められるカリウムイオンの移動が、孔辺細胞膜に局在するプロトンポンプの働きによると考えられている。巻きひげの屈曲が、バナジン酸処理によって抑制されたことは、カリウムイオンの移動にプロトンポンプが関与していることを示唆するものであろう。また、カリウムイオノホアであるバリノマイシンで処理された巻きひげは、腹・背側いずれの細胞もカリウムイオンの取り込みが促進されて、刺激を受けた腹側細胞の膨圧低下が少なかったのではないか。その結果、屈曲

は抑制されたのではないかと考えられ、これらの薬剤処理の結果からも、屈曲時の巻きひげの細胞の膨圧の変化にカリウムイオンの関わりが推察される。

また、気孔が閉鎖するとき、孔辺細胞の膨圧が下がるが、このときは、細胞内のカリウムイオンが減少し[17,20]、カルシウムイオンが増加することが知られている[21,22]。このカルシウムイオンの増加は、細胞の内向きカリウムイオンチャネルに直接作用して、カリウムイオンの取り込みを阻害するか[18]、またはプロトンポンプの働きを阻害することによって、カリウムイオンの細胞内への取り込みを抑えるか[23,24]いずれかに作用して細胞のカリウムイオン量を減少させて、膨圧を下げると考えられている。シュワルツ（A. Schwartz, 1985[25]）はツユクサの葉の表皮を剥ぎとり、これに塩化カルシウムを作用させると、暗所で気孔の閉鎖が促進され、明所で気孔の開孔径の値が減じたという。さらに、表皮をEGTA（ethylene glycol bis（2-amino ethyl ether）tetraacetic acid）で処理することで、暗所での気孔の閉鎖が妨げられることを報告し、このことからカルシウムイオンが気孔の閉鎖に重要な働きをしていることを示した。

彼はまた、カルシウムイオンは内向きのカリウムイオンチャネルの働きを阻害して、カリウムイオンの流入を妨げる一方で、外向きのカリウムイオンチャネルを開いて、孔辺細胞のカリウムイオンの流出を起こすというような、カリウムイオンの細胞出入りを制御する役割を果たしているのではないかと述べている。鳥山とジャフィ（H. Toriyama and M. J. Jaffe, 1972[26]）はオジギソウの葉枕の運動細胞では、葉枕が動く前にタンニン液胞内のカルシウムイオンが中心液胞に移動することを見ており、運動細胞の膨圧の低下にカルシウムイオンが関わっていることを示唆している。

エンドウの巻きひげの屈曲における膨圧の変化にもカルシウムイオンの関わりが予想されるので、巻きひげの細胞のカルシウムイオンを減少させる目的で、カルシウムキレート剤であるEGTAを巻きひげに取り込ませ、腹側に刺激を与えて屈曲の様子を調べたところ、EGTA処理によって屈曲は促進された。これは、EGTAによって巻きひげの細胞が低カルシウムイオン状態におかれて、細胞内へカリウムイオンの流入が容易になり、追随して水が流入して、細胞の膨圧が上昇し屈曲が促進されたものと考えられる。また、細胞が低カルシウム

イオン状態に置かれることによって、細胞壁を構成しているセルローズ微繊維やヘミセルローズと結合しているカルシウムイオンが減少して、細胞壁の微繊維間の結合が緩み、それが細胞内への水の流入をより容易なものにし、屈曲を促進させたのではないかとも考えられる。

4. 巻きひげの表皮細胞における微小管の配向

　成長途上の植物細胞では、細胞膜のすぐ内側の細胞表層に直径約20nmの微小管の配列が見られる。この微小管の配列方向は、細胞の伸長方向に対して垂直に配向することが知られており[27, 28, 29]、現今では、微小管の配向方向は細胞の伸長方向に深く関わっていると考えられている。これは細胞壁が肥厚するとき、微小管の配向方向と平行にセルローズ微繊維が付加的に沈着し[29, 30, 31]、これが細胞の伸長方向を力学的に規制しているのではないかと考えられているからである。接触屈性を敏感に示す成長途上のエンドウの巻きひげは、刺激を受けると腹側と背側の細胞が偏差成長を示すといわれているので、この偏差成長時に背・腹それぞれの細胞において微小管の配向に変化が認められるのではないかと予想された。

　そこで、巻きひげに刺激を与え、その後時間を追って表皮細胞の表層微小管の配向を蛍光抗体法と電子顕微鏡によって調べると、接触刺激を受ける前は腹側の表皮細胞でも背側の表皮細胞でも、すべての細胞の微小管は巻きひげの伸長方向、すなわち細胞の長軸に対して垂直方向に配向（横配向）していた（図6-1、図7-1）が、刺激を与えて10分後、腹側表皮細胞の約50％で斜め（斜配向、図7-2）あるいは長軸に平行な配向（縦配向、図6-2、図7-3）を示す微小管が見られた。20分後にはその割合が約70％まで増加し、30分後にはすべての腹側表皮細胞で微小管は縦配向を示した。

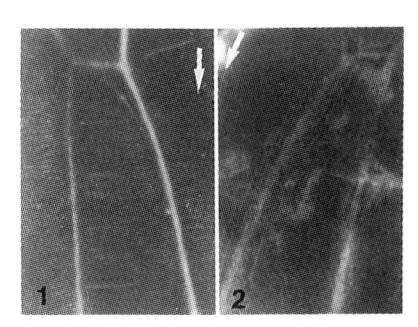

図6　免疫蛍光抗体法によるエンドウ巻きひげの表皮細胞における細胞表層微小管の配向

1：横配向、2：縦配向。矢印は細胞長軸方向を示す。（蛍光顕微鏡写真）

しかし45～60分経過した細胞では、縦配向の割合は減少し（60～70％）、120分後にはすべての細胞で微小管は横配向を示した。

一方、背側表皮細胞では観察したすべての時間で常に横配向を示した。これらの事実は、背側表皮細胞は常に細胞の長軸方向に伸長が促進されているのに対し、腹側表皮細胞は刺激によって長軸方向への伸長が抑えられていることを示し、巻きひげの刺激による偏差成長にも、微小管の配向方向が関わっていることが示唆された。

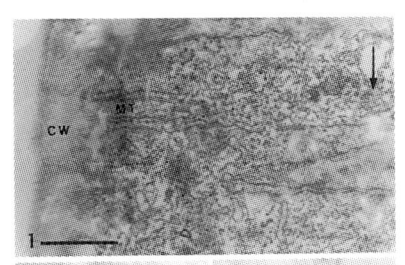

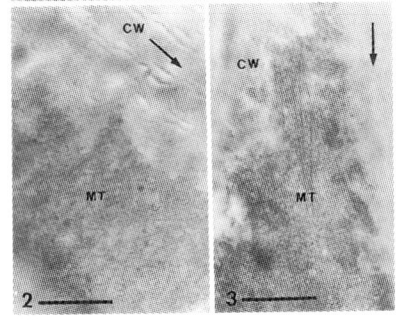

図7 超薄切片法によるエンドウ巻きひげの表皮細胞における細胞表層微小管の配向

1：横配向、2：斜配向、3：縦配向．矢印は細胞長軸方向を示す。CW:細胞壁、MT:微小管。（電子顕微鏡写真。スケールは1μm）

5. 巻きひげの屈曲角度と細胞のサイズ（＝膨圧）と微小管の配向における相関

図8は巻きひげに1度だけ刺激を与えて、その直後から2時間目までの屈曲の変化と、膨圧の変化を表す細胞のサイズの変化、および微小管の配向変化をまとめたもので、この図から次の3つのことが分かる。刺激を受けた巻きひげの腹側の表皮細胞の膨圧が急速に低下し、また急速に元の状態に戻るが、この回復時に背側表皮細胞の膨圧上昇がピークに達する。背側細胞の膨圧が最大の値を示すとき、巻きひげの屈曲角度も最大を示す（刺激後20分目）。表層微小管の配向は、背側表皮細胞では刺激を受ける前も、後も横配向を示すが、腹側表皮細胞の微小管の配向は、時間の経過とともに横から縦に変向する。この縦方向への変向のピーク（すべての細胞で微小管が縦配向を示す）は、屈曲角と背側細胞の膨圧とが最大の値を示す時期（刺激後20分）より遅れて起こっている（刺激後、30分）。

このように巻きひげに1度だけ刺激を与えると、刺激によって起きる屈曲の変化、腹と背の細胞の膨圧の変化、細胞表層微小管の配向の変向も、一過性の現象として起こり、やがて刺激を受ける前の状態に戻る。もし巻きひげが支柱に触れたままの状態でいるとすれば、巻きひげは連続して刺激を受けることになり、そのような状態のもとでは、巻きひげの膨圧の変化による腹側細胞の収縮と背側細胞の膨大は連続的に起こっていることになり、巻きひげは屈曲した

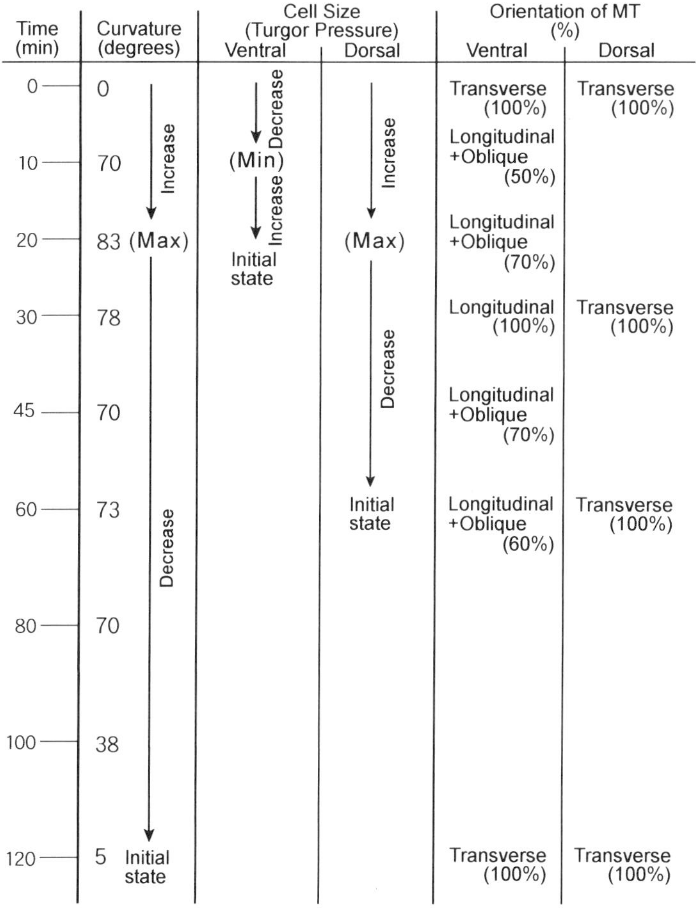

Time (min)	Curvature (degrees)	Cell Size (Turgor Pressure) Ventral	Cell Size (Turgor Pressure) Dorsal	Orientation of MT (%) Ventral	Orientation of MT (%) Dorsal
0	0	↓ Increase	↓ Decrease	Transverse (100%)	Transverse (100%)
10	70	(Min)	↑ Increase	Longitudinal +Oblique (50%)	
20	83 (Max)	↑ Increase	(Max)	Longitudinal +Oblique (70%)	
		Initial state			
30	78		↓ Decrease	Longitudinal (100%)	Transverse (100%)
45	70			Longitudinal +Oblique (70%)	
60	73	↓ Decrease	Initial state	Longitudinal +Oblique (60%)	Transverse (100%)
80	70				
100	38				
120	5	Initial state		Transverse (100%)	Transverse (100%)

図8　エンドウ巻きひげの屈曲角度の変化、細胞サイズの変化（＝膨圧の変化）、および微小管配向方向の変化の相関関係

まま伸長することになる。この膨圧の変化よりやや遅れて生じる表層微小管の配向の変向も、支柱に触れたままの巻きひげでは、腹側細胞では常に縦配向を示したままとなり、背側の細胞では常に横配向を示していて、これらの微小管の配向に沿って二次細胞壁のセルロース微繊維は付加的に沈着して肥厚する。その結果、屈曲は安定した形態をとることになるのであろう。

6. 植物ホルモンの屈曲におよぼす影響

1) オーキシンと接触屈性

ガラン (E. Galun, 1959 [5]) によると、キュウリの巻きひげの切片にIAAを作用させると屈曲が見られることから、オーキシンが巻きひげの屈曲に関わりがあると報告した。ジェフィとゴールストン (M. J. Jaffe and A. W. Galston, 1968 [32]) もまた、刺激を与えたエンドウの巻きひげは、オーキシンによって屈曲率を増すと述べている。さらにラインホールドら (L. Reinhold et. al., 1970 [7]) もまた、刺激を受けた巻きひげではオーキシンの量が明瞭に増加し、しかもオーキシンが偏差分布することを示した。その上、オーキシンは刺激を受けた位置から求基的に巻きひげ内を移動することにより、刺激の伝達にも関与しているのではないかとも考えた。重力屈性や光屈性の場合に見られると言われているオーキシンの横移動について、ユンケル (S. Junker, 1977 [10]) はトケイソウの巻きひげを用いて調べ、巻きひげに刺激を与えても、オーキシンの偏差分布は認められなかったことから、刺激によるオーキシンの再分布が屈曲を誘導するのではなく、巻きひげの組織にもともと刺激を受けた側とその反対側で、オーキシンに対する感受性が異なるために屈曲が生じるのではないかという考えを提出し、これを支持する報告も多い[3,9,10]。

また、巻きひげの先端の細胞では、接触刺激のレセプターとオーキシンのレセプターとが、細胞膜上に接近して局在していて、刺激を受けると、それぞれのレセプターは直接相互に作用し合って細胞伸長に影響を及ぼし、屈曲を誘導・促進しているのではないかという考えもある[8,32,33]。しかし先に述べたように、巻きひげに接触刺激を与えてから屈曲現象が認められるまでの速やかな時間（エンドウでは刺激を与えて5分後にすでに60°も屈曲している。トケイ

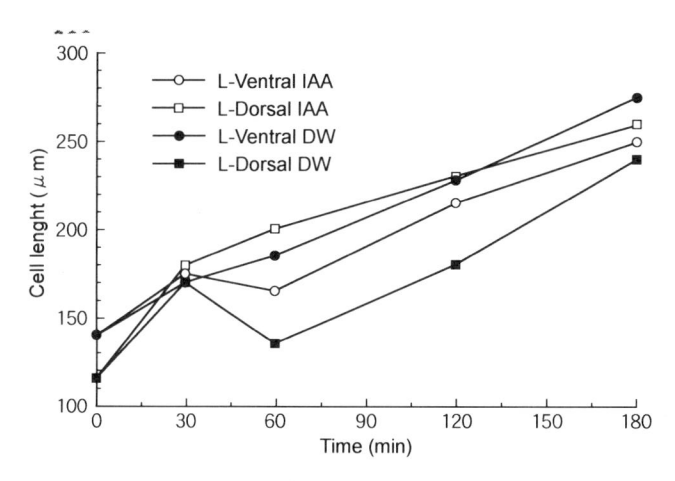

図9　IAA処理のエンドウ巻きひげの腹および背の表皮（図3の②部分）の細胞長
各プロットについては、5個体の表皮を剥ぎ取り、各表皮について10細胞を測定した平均値。

ソウでは刺激を与えて20～30秒で屈曲が確認できる。）に比べて、オーキシンが植物体を移動する速度は遅く（平均14.5mm/h）、しかも一方向にしか移動しない（極性移動）ことから、オーキシンが屈曲現象を誘導する第一要因とは考えにくい。しかし、オーキシンが巻きひげの接触屈性に無関係なホルモンであるとも考えられない。

　刺激を与えた巻きひげをIAA水溶液に浸け、外生的にIAAを投与することによって、屈曲現象にどのような影響が見られるかを調べた[14]ところ、コントロール（蒸留水に浸漬したもの）の巻きひげでは、屈曲はいったん進行したが、180分後には、浸漬開始のときと同じように、伸びた状態に戻った。IAAで処理した巻きひげは浸漬直後から屈曲を開始し、屈曲角は徐々に増加したが、処理開始から80分までは、コントロールに比べて屈曲率は低かった。しかし、それ以後も屈曲は進行し処理前のような伸びた状態に戻ることはなかった。IAA処理の巻きひげとコントロールの巻きひげの表皮細胞の細胞長について計測したところ（図9）、コントロールの腹側細胞は処理直後から伸長し続けた。背側細胞は一時的に腹側細胞と同じ程度の長さにまで伸長したが、その後いったん短縮し、その後、再び伸長を開始するものの、その伸長の割合は腹側細胞とほとんど同じで、細胞長は決して腹側細胞より長くなることはなかった。

IAA処理の巻きひげの腹側細胞は、処理開始直後から伸長をし続け、30分から60分の間は、やや伸長速度は抑えられるものの、それ以後も再び伸長は促進された。背側の表皮細胞は処理開始直後から30分までは比較的速やかに伸び、それ以後の伸長はやや緩やかにはなるが、伸び続けた。このIAA処理の巻きひげの表皮細胞の長さの変化は、コントロールのものとは異なり、背側表皮細胞は腹側表皮細胞よりも常に長かった。

　刺激を受ける前の背側細胞の細胞長（110 μm）は、腹側の細胞長（140 μm）に比べて短く、その状態で巻きひげは、ほぼまっすぐに伸びているわけである。それゆえ図3-②の部分の巻きひげ1mm当たり、単純に計算すると背側では9細胞、腹側では7細胞が、巻きひげの長軸に沿って縦長に並んでいることになる。IAA処理によって背側のそれぞれの細胞が腹側細胞より常に長くなるということは、背側全体の長さが常に腹側全体の長さを上回っていることになり、巻きひげは、刺激を受ける前の状態に戻ることなくコイルし続けるであろう。またこの事実は、接触刺激を受けた巻きひげの屈曲がオーキシンによって促進されるといわれる理由でもあろう。さらに巻きひげでは、もともと腹側と背側でオーキシンに対する感受性が異なるのではないかと言われているが、この結果はその考え方を支持するものでもあろう。

　2）エチレンと接触屈性

　高橋とジェフィ（H. Takahashi and M. J. Jaffe, 1990 [11]）によると、キュウリの巻きひげに刺激を与えると、刺激を受けた側の方が受けていない側より多くのエチレンを発生し、このエチレン発生のピーク時に続いて屈曲のピークが見られるという。この事実からエチレンもまた、接触屈性に関わりのあるホルモンではないかとの考えが強い。サイモンズ（P. Simons, 1992 [12]）によると接触刺激を受けた巻きひげでは活動電位が生じ、電気信号を出してエチレンを放出する。このとき触れられた側のエチレンのレベルは、触れる前の3倍にもなるという。そして、このエチレンがオーキシンの活性に影響して、細胞の伸長成長を遅らせて、巻きひげに偏差成長を促し、屈曲を促進するのではないかという。いずれにせよ植物ホルモン、とりわけオーキシンは、巻きひげの接触屈性に関

わる要因の1つとして作用していると考えられるが、屈曲現象を起こす第一要因ではなさそうである。むしろ、接触刺激によって生じた電気信号がエチレンの発生を促し、これが引き金となって巻きひげ細胞のイオン分布に影響するのではないかと考えられ、エチレンの方が屈曲誘導の初期過程に関与している可能性は高いように思われる。

  3) ジャスモン酸類と接触屈性
 ウェイラーら（E. W. Weiler et. al., 1993 [34]）によると、ホワイトブリオニア（ウリ科の多年生つる草）の巻きひげに接触刺激を与えると、刺激を受けた細胞で α-リノレン酸からジャスモン酸（あるいはジャスモン酸メチル）の合成が新たに活性化され、その生成したジャスモン酸（あるいはジャスモン酸メチル）が接触屈性のシグナル物質として働いているという。IAAと同様にジャスモン酸類で処理すると、巻きひげは屈曲し、エチレンを発生する。このときエチレン生合成阻害剤で処理するとエチレンの発生を完全に抑えるが、巻きひげの屈曲には影響しないことから、オーキシンおよびエチレンの接触屈曲への関わりは不明確であるとしている。また、ホワイトブリオニアの巻きひげの屈曲反応はジャスモン酸の特異的な生物検定法としても用いられている[35]。
 接触屈性にオーキシンやエチレン、ジャスモン酸以外の植物ホルモンの関与についての研究報告はいくつかある。ジェフィとゴールストン（M. J. Jaffe and A. W. Galston, 1966 [6]）はジベレリンやジベレリンの生合成阻害剤であるCCCが、明所で接触屈性に阻害的に作用し、暗所では促進的に作用すると報告しているが、これを否定する見解もあり[3,5] 現在のところジベレリンが巻きひげの屈曲に積極的に関与しているという報告はない。

 7. まとめ
 これらの知見からエンドウの巻きひげが支柱に巻きつくメカニズムについて、図10のように考えてみた。
 巻きひげがその腹側に接触刺激を受けると、巻きひげ内に活動電位が生じる。生じた活動電位は、巻きひげ内を移動し、細胞膜のイオン透過性に影響を

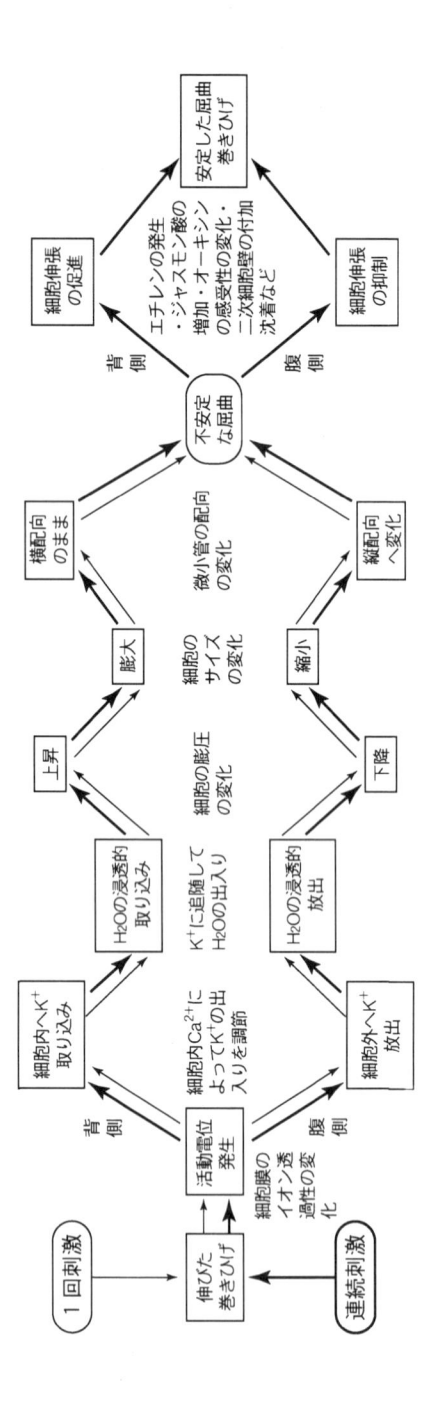

図10 巻きひげ屈曲の仕組み

与え、細胞内のカリウムイオンの分布に変化をもたらす。このときカリウムイオンは腹側よりも背側の細胞の方により多く分布するような偏差分布が起きる。カリウムイオンの偏差分布は、細胞の浸透圧の差となって現れ、吸水量に影響して腹と背の細胞に膨圧の差を生じる。その結果、巻きひげは屈曲を示すことになる。さらに、細胞の膨圧が刺激を受ける前の状態に戻る前に二次細胞壁物質の付加・沈着が起こり、屈曲は、安定な形に固められる。巻きひげが支柱に触れ続けるということは、刺激を連続的に受け続けることになるので、上記の過程が巻きひげの先端で継続して起こっていることになり、巻きひげは支柱に巻きつくことになる。さらに、植物ホルモンのオーキシン、エチレンやジャスモン酸などが細胞伸長に作用して屈曲を助長し、巻きひげの屈曲を促進させるのであろう。また、細胞の膨圧の変化が起きるとき、カリウムイオンは、イオンチャネルを通して細胞を出入りしていると考えられるが、このイオンチャネルの活性は、細胞内のカルシウムイオンによって制御されているものと思われる。

先に述べたように巻きひげが支柱にからみつく運動は、接触刺激を受けた巻きひげ組織の細胞の膨圧の変化によるものとされているが、オジギソウの接触傾性運動や気孔の開閉運動もまた、葉枕の運動細胞や孔辺細胞の膨圧の変化によって起こる運動であるから、これらの運動の起きるメカニズムは、巻きひげのからみつく運動のメカニズムと多くの共通点があると言えよう。それゆえ、巻きひげにおける接触屈性運動のメカニズムは、オジギソウの葉の接触傾性運動細胞や、気孔の開閉時の孔辺細胞についての生理的研究を通して解明される可能性が高い。巻きひげがなぜ支柱にからみつくのかということも近い将来解答が提出されるであろう。

文献

1) Darwin,C.（1896）in [The power of movement in plants.], D.Appleton, NY
2) Umrath, K.(1934) Über die elektrischen erscheinungen bei thigmischer reizung der ranken von *Cucumis melo*. Planta 23, 47-50
3) Reinhold.L.(1967) Induction of coiling in tendrils by auxin and carbon dioxide. Science 158, 719-793

4) Pickard,B.G. (1971) Action potentials resulting from mechanical stimulation of pea epicotyls. Planta 97, 106-115
5) Galun,E.(1959) The cucumber tendril-a new test organ for gibberellic acid. Experimentia 15, 184-185
6) Jaffe,M.J. and Galston,A.W. (1966) Physiological studies on pea tendrils. I. Growth and coiling following mechanical stimulation. Plant Physiol. 41, 1014-1025
7) Reinhold.L., Sachs,T. and Vislovska,L.(1970) The role of auxin in thigmotropism.in [Plant growth substances (Carr, D.J. ed)] Springer, Germany
8) Jaffe,M.J.(1975) The role of auxin in the early events of the contact coiling of tendrils. Plant Sci. Letters 5, 217-225
9) Junker,S.(1976) Auxin transport in tendril segments of *Passiflora caerulea* L. Physiol. Plant. 37, 258-262
10) Junker,S.(1977) Thigmonastic coiling of tendrils of *Passiflora quadrangulalis* is not caused by lateral redistribution of auxin. Plant Physiol. 41, 51-54
11) Takahashi,H. and Jaffe,M.J. (1990) Thigmotropism and the modulation of tropistic curvature by mechanical perturbation in cucumber hypocotyls. Physiol. Plant. 80, 561-567
12) Simons,P.(1992) in [The action plant. Movement and nervous behaviour in Plant] Basil Blackwell Limit. England
13) Haupt,W.(1977) in [Bewegungsphysiologie der Pflanzen.], George Thieme, Sttutgart, Germany
14) 和田アイ子(1998) エンドウ巻きひげの接触屈性. 植物の化学調節 33, 233-242
15) Jaffe,M.J. and Galston,A.W. (1967) Physiological studies on pea tendrile III. ATPase activity and contractility associated with coiling. Plant Physiol. 42, 845-847
16) Toriyama,H. (1955) Observation and experimental studies of sensitive plants. VI. The migration of potassium in the primary pulvinus. Cytologia 20, 367-377
17) Raschke,K.(1976) Transfer of ions and products of photosynthesis in guard cells. in [Transport and transfer processes in plants.(Wardlaw,I.F. and Passioura,I.B. eds)], Acad. Press NY.
18) Schroeder,J.I. and Hagiwara,S.(1989) Cytosolic calcium regulates ion channels in the plasma membrane of *Vicia faba* guard cells. Nature, 338, 427-430
19) Jinno,N. and Kuraishi,S.(1982) Acid-induced stomatal opening in *Commelina communis* and *Vicia faba*. Plant Cell Physiol. 23, 1169-1174
20) Kearns,E.V. and Assmann,S.(1993) The guard cell-enviroment connection. Plant Physiol. 102, 711-715
21) McAinsh, M.R., Brownlee,C. and Hetherington, A.M. (1990) Abscisic acidinduced elevation of guard cell cytosolic Ca^{2+} precedes stomatal closure. Nature, 343:186-188
22) Schroeder,J.I. and Hagiwara,S. (1990) Repetitive increases in cytosolic Ca^{2+} of guard cells by abscisic acid activation of nonselective ca^{2+}- channels. Proc. Nat. Acad. Sci. USA, 87, 9305-9309
23) Shimazaki,K., Iino,M. and Zeiger,E. (1986) Blue light-dependent proton extrusion by guard cell protoplast of *Vicia faba*. Nature 319, 324-326
24) Kinosita,T., Nishimura,M. and Shimazaki,K. (1995) Cytozolic concentration of Ca^{2+} regulates the plasma membrane H^+-ATPase in guard cells of fava bean. Plant Cell. 7,1333-1342
25) Schwartz,A.(1985) Role of Ca^{2+} and EGTA on stomatal movements in *Commelina commuunis* L. Plant Physiol. 79,1003-1005

26) Toriyama,H. and Jaffe,M.J. (1972) Migration of calcium and its role in the regulation of seismonasty in the motor cell of *Mimosa pudica* L. Plant Physiol. 49, 72-81
27) Ledbetter,M.C.and Porter,K.R.(1963) A microtubule in plant cell fine structure. J. Cell Biol. 19, 239-250
28) Mita,T.and Katsumi,M. (1986) Gibberellin control of microtubule arrangement in the mesocotyl epidermal cells of the d$_5$ mutant of *Zea mays* L. Plant Cell Physiol. 27, 651-659
29) Iwata,K.and Hogetu T.(1989) Orientation of wall microfibrils in *Avena* coleoptiles and mesocotyls and in *Pisum* epicotyles. Plant Cell Physiol. 30, 749-757
30) Takeda,K.and Shibaoka,H.(1981) Change in microfibril arrangement on the inner surface of the epidermal cell walls in the epicotyl of *Vigna angularis* Ohwi et Ohashi during growth. Planta 151, 383-392
31) Staehelin,L.A. and Giddings,T.H. (1982) in [Developmental order; Its origin and regulation. (Subtelny,S. and Green,P.B. eds)], A.L. Liss Inc. NY
32) Jaffe,M.J. and Galston,A.W. (1968a) The physiology of tendrils. Ann. Rev. Plant Physiol. 19, 417-434
33) Jaffe,M.J. and Galston,A.W. (1968b) Physiological studies on pea tendril. V. Membrane changes and water movement associated with contact coiling. Plant Physiol. 43, 537-542
34) Weiler,E.W., Tanja,A., Beate,G. Oiang,X.Z., Martin,L., Harald,L., Leo,A.and Petra,S.(1993) Evidence for the involvement of jasmonates and their octadecanoid precursors in the tendril coiling response of *Bryonia dioica*. Phytochemistry 32, 591-600
35) Isolde,K., Engelberth,J., Beate,G. and Weiler, E.W. (1994) Touch-and methyl jasmonate-induced lignification in tendrils of *Bryonia dioica* Jacq. Bot. Acta 107, 24-29

文献
1) ダーウイン著、渡辺　仁訳(1991)『よじのぼり植物』、森北出版。
2) サイモンズ著、柴岡孝雄・西崎友一郎訳(1996)『動く植物』、八坂書房。
3) 新免輝男編(1991)『現代植物生理学4 環境応答』、朝倉書店。
4) 増田芳雄著(1988)『植物生理学（改訂版）』、培風館。

🌑 紙面フォーラム

質問1 つるの巻く方向は、つる性の植物すべてにおいて共通か。また、北半球と南半球とで巻く方向が違うということを聞いたことがあるが、もし、そうだとしたら何が原因と考えられるのか。

解答1
　きわめてわずかの例外（ツルニンジン、ネナシカズラ）を除き、つるの巻く方向は、植物種によって左巻き、右巻きが決まっているので、つるの巻く方向は遺伝的に組み込まれた形質であると考えられる。また、地球の北半球と南半球とで、つるの巻く方向が違うのではないかということについては、筆者は知らないし、いくつか文献を調べたが分からなかった。もし、南北で巻く方向が違っているとするならば、やはり、「コリオリ力」が影響しているのではないかと思われる。

質問2 接触屈性にオーキシンの不等分布が関与しているのか。もし、そうだとしたら、どのような仕組みでオーキシンの分布変化が起きるのか。

解答2
　接触刺激によって、巻きひげ組織内にオーキシンの不等分布が生じ、これが巻きひげの伸長成長に影響して屈曲が生じるのではないかという考えも提出されたが、不等分布が起きないという報告も多く、現今では、巻きひげの腹側・背側の組織細胞のオーキシンに対する感受性が異なり、その結果巻きひげで偏差成長が生じ屈曲するのではないかという証拠がいくつか提示されていて、不等分布よりむしろ、この考えが有力である（本文参照）。

ated by # 第3章

傾 性

第1節　葉の開閉運動

1. はじめに

　ネムノキ、エビスグサ、オジギソウなどのマメ科植物は、昼間は葉を開いているが、夜間になると、葉を閉じて「眠る」ことが知られている（図1）。このような葉の開閉運動は紀元前から知られており、就眠運動と呼ばれる。就眠運動の最古の記録は、アレキサンダー大王の時代にまで遡り、実に紀元前から人類の関心を集めていた。17世紀には、フランスの学者によって、オジギソウを光の当たらない洞窟内に持ち込んでも、運動のリズムが数日間は残ることが発見され、この運動が光などの外部環境によってコントロールされるのではなく、植物に固有の体内リズムに従っていることが明らかになった。この観察結果から、現在の最もホットな研究領域の1つとなっている「生物時計」が

図1　マメ科植物の就眠運動（左：昼間のネムノキ、右：夜間のネムノキ）

発見されたという歴史的経緯があり、就眠運動はいわば生物時計のルーツであるといえる。就眠運動は、生物時計との関連からも、世界中の多くの研究者の注目を集め、古来多くの生物学者によって膨大な研究が行われてきた。このような植物の運動を科学史上初めて体系化したのは進化論で有名なダーウィン（C. Darwin）である。彼は、進化論をまとめた後の晩年、植物の研究に没頭し、300種以上の植物の運動についての詳細な観察記録を残した。19世紀後半には、その集大成として著書「植物の運動力」を出版した[1]。これは、未だに引用されるこの分野の古典であるが、21世紀の科学的知識を持ってしても、このダーウィンの「知の遺産」を分子レベルで説明することはできない。筆者らは、このダーウィンの残した遺産を分子レベルで解明することを目的に研究を行っており、以下にその詳細を述べる。

2. ダーウィン以後の就眠運動に関する知見

ここでは、ダーウィン以後に明らかになった運動の機構について述べる[2,3,4]。就眠運動は、葉の付け根にある運動細胞という特殊な細胞が、膨張・収縮することで起こる（図2）。この細胞の膨張・収縮は、細胞にカリウムイオンとともに水が出入りすることで起こる。すなわち、昼間には細胞にカリウムイオンとともに水が入ることで細胞が膨張し、夜間には水が出ていくことで細胞が縮む。そこで、次に、このカリウムイオンの出入り、つまりカリウムチャネルの開閉のコントロール機構が問題となる。特に、生物時計によって作られる固有

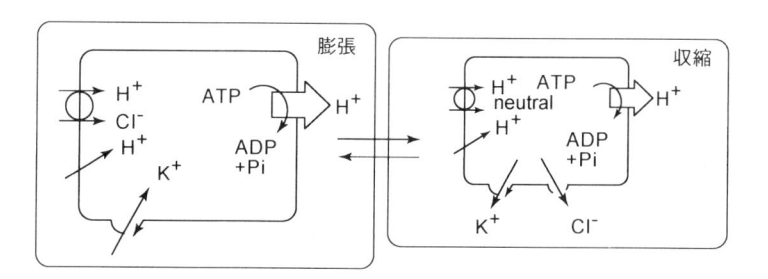

図2 運動細胞の膨張・収縮 （Plant Physiol. 1995, 109, 729-734.より改編）

のリズムに従ってチャネルの開閉が起こる仕組みに最も興味を引かれる。

このため、多くの研究者が葉の運動をコントロールする生理活性物質の分離を試みたが、活性物質の分離の困難さから、研究はようとして進まなかった。1980年代に入ってドイツ・ハイデルベルグ大学のシルトネヒト（H. Schildknecht）は、葉の運動をコントロールする活性物質としてターゴリンと呼ばれる物質を分離した[5]。シルトネヒトは、これは植物体内の膨圧の制御に関与する植物に共通の植物ホルモンであると提唱し、大きな反響を呼んだ。この時代に出版された教科書の多くにはこのターゴリンが記載されていることからも、反響の大きさが分かる。しかし、ターゴリン分子は、分子内に遊離の硫酸基を有しており、生体内のpHでこのような強酸が遊離で存在するとは考えにくいという反論もあった。

ターゴリンの一種 K-PLMF1

実際、筆者らの実験では、この化合物は植物内でカリウム塩として存在し、このカリウム塩は、植物の葉に対してほとんど活性を示さなかった。一方、希硫酸はターゴリンとほぼ同等の活性値で葉を閉じさせる活性を示すことから、この化合物の活性は分子内の遊離の硫酸基によるものであると考えられた。この結果は、シルトネヒトらは、分離の過程で酸性条件を用いているため、真の活性物質を見失っているものと解釈できた。そこで、筆者らは、中性条件下での分離を行うことで、真の活性物質を同定しようと考えた。

3. 就眠運動をコントロールする真の活性物質[6]

生理活性物質の分離に際しては、生物検定試験法の確立が最も重要である。シルトネヒトらは、オジギソウの葉を閉じさせるという生物活性をモニターすることで、活性物質の分離を行った。これは、オジギソウの葉を付け根の部分で切り、これを水につけて切断による刺激で閉じた葉が回復した後に、活性物質を含む分離画分を加えて、実際にオジギソウの葉が閉じるという現象をモニターすることで活性の検定を行う方法である。しかし、一見、説得力のあるこ

の方法にも、問題があった。それは、ネムノキなどの他の植物の葉を閉じさせるとする物質も、同様にオジギソウの葉を閉じさせる活性に従って分離されている点である。本来、生物活性の検定には、抽出した植物そのものの葉を用いる必要があり、シルトネヒトらの研究のように、生物材料と活性試験に用いた植物とが異なるとき、果たしてその活性物質は、本当に抽出材料とした植物の葉を閉じさせることができるのか、という疑問を払拭することはできない。一方、生物材料として用いた植物そのものの葉を用いて生物検定試験を行うと、このような疑問は無くなるが、個々の植物について各々、生物検定法の確立を行わねばならず、大変に手間がかかるという難点がある。

しかし筆者らは、結果の確かさという観点から、生物材料として用いた植物そのものの葉を用いて生物検定を行うこととし、また、シルトネヒトらのような酸性条件下での分離を避けることで、真の活性物質の探索を行った。生物検定試験は、シルトネヒトらの方法を参考とした。すなわち、植物の葉を付け根の部分で鋭利な剃刀を用いて切断し、これを水に浸けると、自然状態と同じほぼ24時間の周期で葉の開閉運動を行うことが分かった。つまり、葉のみでも通常の運動が観測されるので、これに分離した画分を加え、葉の運動を引き起こす成分の探索を行った（図3）。その結果、植物体内には、昼間でも植物の葉を閉じさせる活性を示す就眠物質と呼ばれる化学物質（図3、右）と、夜間でも葉を開かせる活性を示す覚醒物質と呼ばれる化学物質（図3、左）の2種の生理活性物質が含まれることを明らかにし、就眠運動は、これら2種の活性物質によってコントロールされることを見いだした。

図3　就眠運動をコントロールする活性物質の生物検定
（左：覚醒物質、右：就眠物質）いずれの場合にも左から3つめが生物活性を示している。

また、この過程で筆者らは、通常きわめて分離の困難な水溶性低分子化合物の独自の分離法を開発し、中性条件下での活性物質の単離を可能とした。活性物質の分離には、主として2つの問題点があった。1つは、植物内にはまったく逆の活性を持つ2つの活性物質が含まれることから、分離のできるだけ初

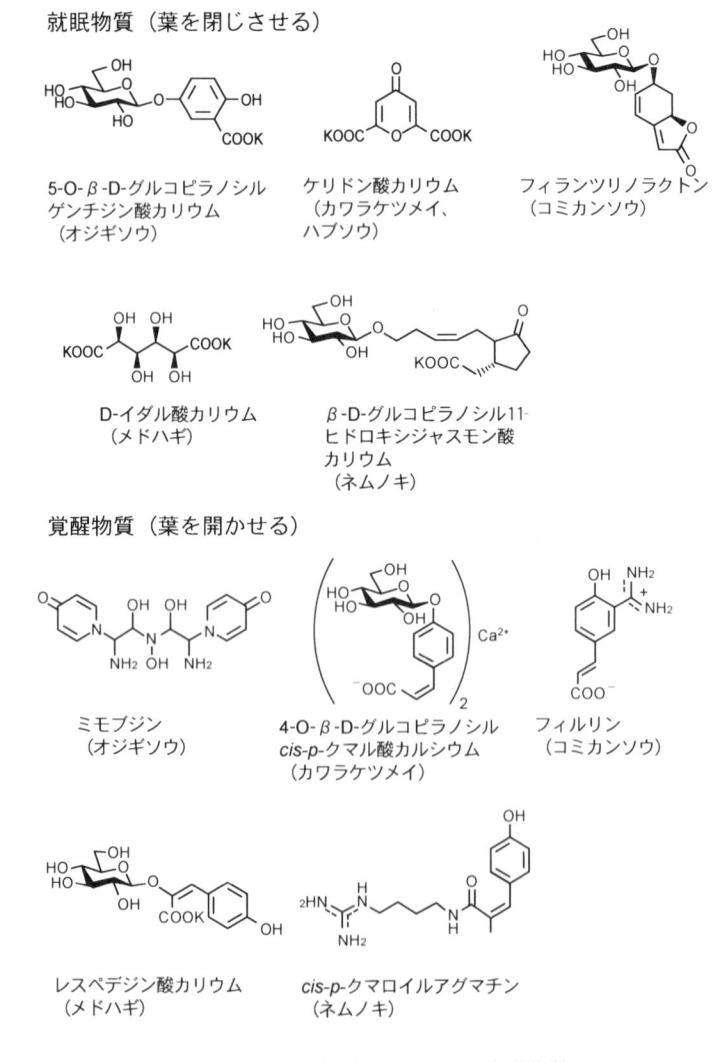

就眠物質（葉を閉じさせる）

5-O-β-D-グルコピラノシル
ゲンチジン酸カリウム
（オジギソウ）

ケリドン酸カリウム
（カワラケツメイ、
ハブソウ）

フィランツリノラクトン
（コミカンソウ）

D-イダル酸カリウム
（メドハギ）

β-D-グルコピラノシル11-
ヒドロキシジャスモン酸
カリウム
（ネムノキ）

覚醒物質（葉を開かせる）

ミモブジン
（オジギソウ）

4-O-β-D-グルコピラノシル
cis-p-クマル酸カルシウム
（カワラケツメイ）

フィルリン
（コミカンソウ）

レスペデジン酸カリウム
（メドハギ）

cis-p-クマロイルアグマチン
（ネムノキ）

図4　就眠運動をコントロールする化学物質

期の過程でこの2つを分離しなければ、これら2つがキャンセルし合って見かけ上活性が認められなくなるという問題である。種々の充填剤を検討した結果、合成吸着剤アンバーライトXAD-7がこの目的に適していることを見いだした。

もう1つの問題は、カルボン酸のカウンターカチオンが交換されると活性が失われるという点である。分離に使用する溶媒に含まれるナトリウムイオンが、カリウムイオンと置換すると活性は認められなくなることが分かった。このため、このような分離過程でのイオンの交換を押さえて分離を行うことが、活性物質分離の最大の問題点となることも多い。詳細に関しては省略するが、これらの問題点を解決することで活性物質の分離方法を確立し、これまでに5種の植物から就眠・覚醒両物質をそれぞれペアで単離した（図4）。

図4に示した活性物質は、約1 μmol/l 程度の濃度で生物活性を示し、この活

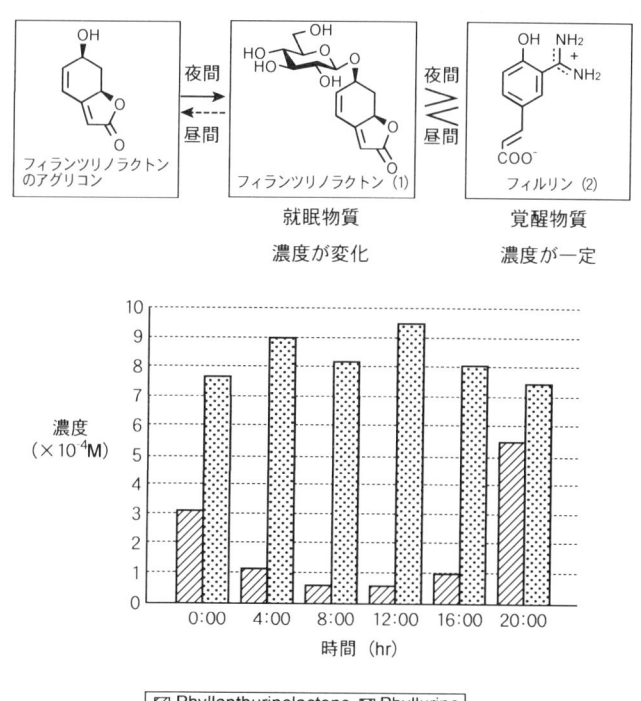

図5 就眠・覚醒両物質の植物体内における濃度変化（コミカンソウの例）

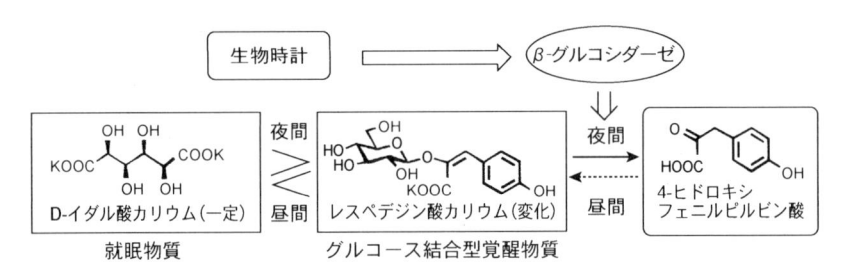

図6 就眠・覚醒両活性物質の濃度バランス変化による就眠運動のコントロール機構

性値は、植物の様々な生命現象をコントロールする植物ホルモン類と同程度である。また、就眠・覚醒両物質の示す生物活性はいずれも植物種に特異的であり、いずれの活性物質も他の植物に対してはまったく活性を示さない。例えば、ある植物の活性物質を10万倍の濃度で他の植物に投与しても活性はまったく認められない。この発見は、運動をコントロールする活性物質はすべての植物に共通な植物ホルモンであるとする従来の仮説を根本から覆すものである。

4. 生物時計による就眠運動のコントロール

このように活性物質を明らかにした後、次に問題としたのは、生物時計はどのようにして就眠運動をコントロールするのか？という点である。

就眠運動は、植物体内で就眠・覚醒両活性物質の濃度バランスが1日を通じて変化することで起こる。図5はコミカンソウを4時間おきに採集・抽出し、植物体内に含まれる就眠・活性両物質を定量分析した結果である。コミカンソウ体内での活性物質の濃度変化を測定すると、図5に示したように、覚醒物質の濃度は1日を通じてほぼ一定であるのに対して、就眠物質の濃度は、植物が葉を開く昼間には少なく葉を閉じる夜間には増えることが分かった。つまり、植物体内では就眠・覚醒両物質のうち、片方の濃度は一定であり、もう片方の濃度が変化することで、昼夜で両活性物質間の濃度バランスが変化している。就眠物質の濃度は、1日を通じて約20倍と非常に大きく変化し、またこの濃度変化は、グルコース結合型活性物質が対応するアグリコンへと加水分解されることに起因するものであることが分かった。同様の例は、メドハギでも認めら

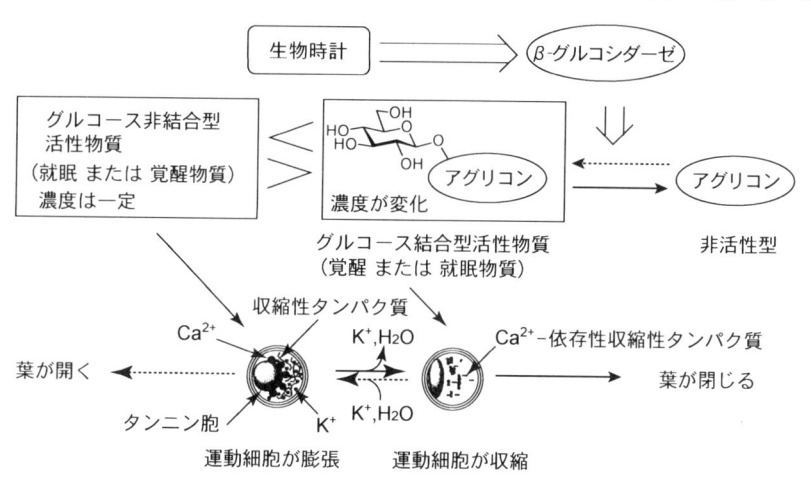

図7 就眠・覚醒両物質による就眠運動のコントロール機構

れた(図6)。この場合、葉が閉じる夕方になると覚醒物質がアグリコンへと加水分解され、その結果、就眠物質が相対的に多くなることで葉が閉じる。図5、図6のような活性物質の加水分解は、酵素、β-グルコシダーゼによってコントロールされる。植物より粗酵素を調整し、合成したグルコース結合型活性物質を基質として、そのβ-グルコシダーゼ活性を調べると、活性は葉が閉じ始める夕方にのみ認められた。この酵素は生物時計によってその活性をコントロールされており、特定の時間になると活性化されてグルコース結合型活性物質を分解する。その結果、両活性物質間のバランスが変化して運動が起こる。

　ここで、もう一度活性物質の構造(図4)を見てみると、いずれの植物においても、就眠・覚醒両物質のうち、いずれか片方がグルコース結合型活性物質であることが分かる。HPLCによる定量分析より、濃度変化が認められるのは常にこのようなグルコース結合型活性物質であることが確認された。つまり、就眠運動を行う植物には、図5のコミカンソウの例のように就眠物質がグルコース結合型のものと、図6のメドハギの例のように覚醒物質がグルコース結合型のものの2種があり、どちらの場合にもグルコース結合型活性物質の濃度のみが植物体内で一定のリズムを持って変化する。この2種の差が何に起因するのかは今のところ不明である。

　これらの結果から、生物時計による就眠運動の調節機構を図7のようにまと

めることができる。すなわち、就眠・覚醒両物質のうち、いずれか片方は常にグルコース結合型であり、生物時計はある特定の時間になるとβ-グルコシダーゼを活性化して、この配糖体を分解する。その結果、両活性物質間の濃度バランスが変化して就眠運動が起こる。つまり、就眠運動の生物時計によるコントロールはグリコシド結合の開裂・形成といった一連の化学反応によってコントロールされている。このように生物時計によってコントロールされる生物現象を有機化学反応のレベルで解明した例は世界に類例が無い。

5. 就眠運動をコントロールする活性物質の標的細胞[7]

就眠運動は活性物質の作用により、植物体内の運動細胞に水が出入りすることで、細胞が膨らんだり縮んだりして起こるが、では、活性物質は実際にどのようにして細胞の膨圧変化を引き起こすのだろうか。筆者らは、まず、活性物質の標的細胞を調べることで、活性物質が運動細胞に直接作用して水の出入りをコントロールしているのか、もしくは、活性物質は他の細胞に作用して間

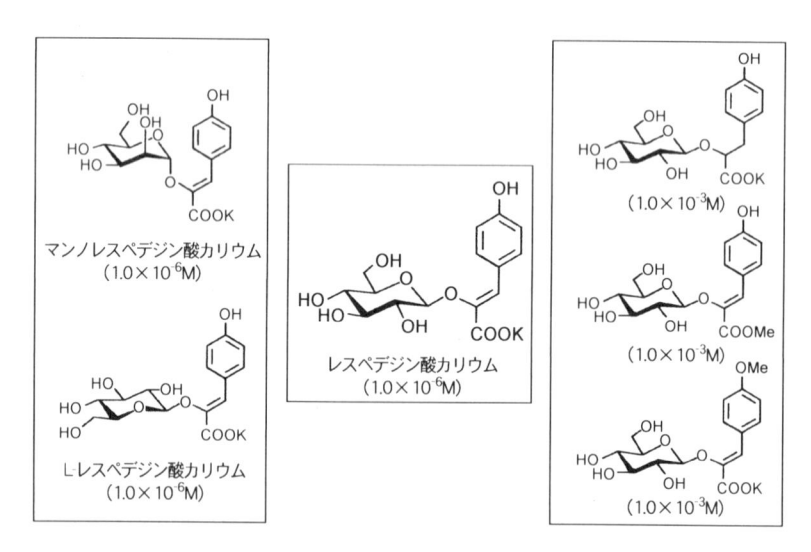

図8 覚醒物質レスペデジン酸カリウムの構造活性相関

括弧内は各活性物質の活性値

接的に運動細胞の膨圧を制御しているのか、検討した。この目的のために、生体内での活性物質の作用点を可視化する「蛍光プローブ化合物」を開発した。これは、活性物質に蛍光色素を化学的に結合させ、生体組織とともにインキュベートすることで結合させ、これを蛍光顕微鏡を用いて観察することで、活性物質の生体内での作用部位を可視化・特定するというものである。

蛍光プローブ化合物の開発には精密な分子デザインに基づく化学合成が必要とされる。一般に、低分子化合物を基盤に蛍光プローブ化合物を開発する際の最大の問題点は、蛍光色素の分子サイズが活性物質に比べて非常に大きく、このため、元の活性を保ったままの蛍光プローブ化合物を開発することは非常に困難である。そこで、筆者らは、活性物質の構造を種々改変した誘導体を合成し、徹底的な構造活性相関研究を行った後に、これに基づいた分子デザインを行うこととした。プローブ化合物は、覚醒物質レスペデジン酸カリウムを基盤として設計した。構造活性相関研究の結果、レスペデジン酸カリウムのアグリコン部位はどこを改変しても活性が天然物の約千分の一と大きく減じるが、一方、グルコース部位の改変は活性にまったく影響を与えないことを見いだした（図8）。

そこで、糖の6位に蛍光色素を導入した各種プローブ化合物の合成を行った。

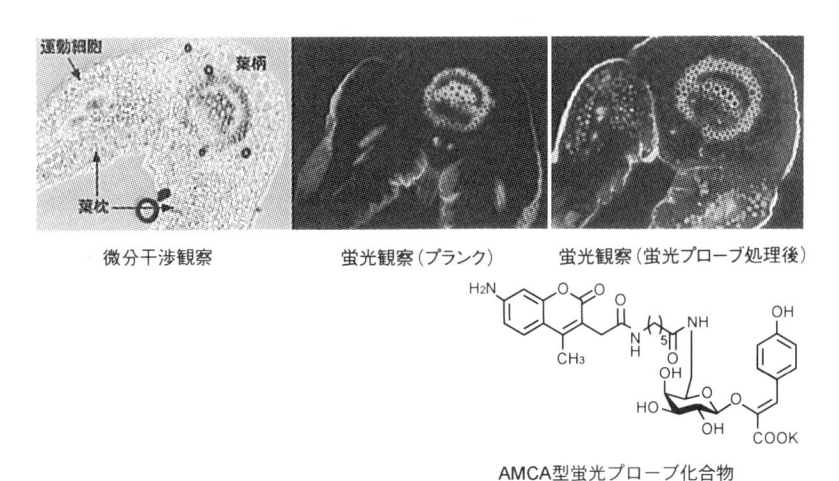

図9 蛍光プローブ化合物を用いた覚醒物質標的細胞の検索

リンカー部分の長さ、蛍光色素の分子サイズは、プローブ化合物の生物活性に大きく影響し、蛍光色素の分子サイズが小さいほど、また、リンカー部分の長さが長いほど、天然物に近い活性が見られることが分かった。種々検討の結果、分子サイズの比較的小さな蛍光色素 AMCA（7－アミノ－4－メチルクマリン）を結合させることでほぼ天然物に匹敵する活性値を持つ蛍光プローブを得ることができた。この蛍光プローブを用いて、活性物質の標的細胞の検索を行ったところ、活性物質は、植物の葉の付け根である葉枕部分に存在する運動細胞に直接結合することが明らかになった（図9）、右の写真の運動細胞の部分に結合した蛍光プローブによる蛍光が見られる。この結果より、運動細胞には、活性物質に対する受容体が存在するのではないかと推定された。

　蛍光プローブ化合物は、天然物とまったく同様に、他の植物に対してまったく生物活性を示さなかった。また同様に、蛍光プローブ化合物は、同様にして調整した多種植物の切片に対してはまったく結合活性を示さないなど、天然物のきわめて特徴的な生物活性をそのまま保持していた。多種植物に対して、活性物質がまったく結合しないことから、各植物はそれぞれ、固有の活性物質に対して特異的な受容体を有しているのかもしれない。

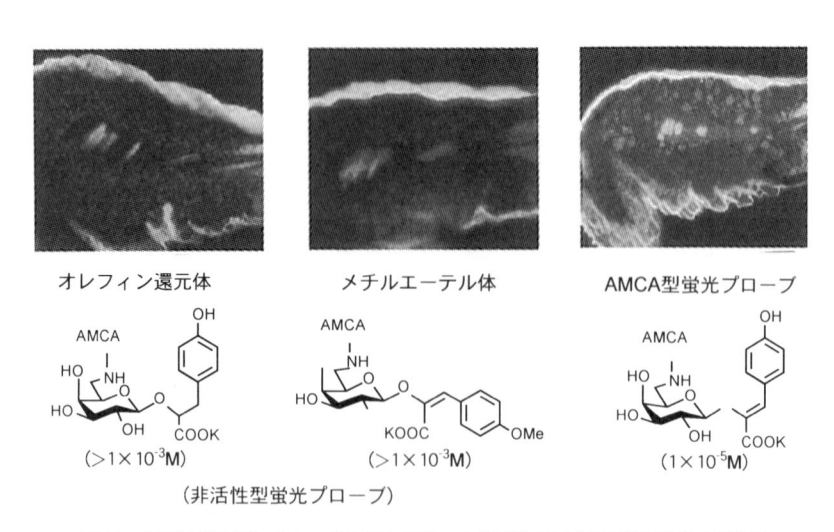

図10　非活性型蛍光プローブ化合物を用いた覚醒物質の精密分子認識の可視化

一方、受容体の存在を証明するには、生物活性を示さない誘導体が運動細胞に結合しないことを示さなければならない。筆者らは、天然物のレスペデジン酸カリウムについて詳細な構造活性相関研究を行っており、この化合物は、分子内の二重結合を還元して一重結合にしたり、分子内のフェノール性水酸基をマスクしたりすると覚醒活性を示さなくなることがすでに明らかになっていた。そこで、このような覚醒活性を示さない非活性型化合物を基に、「非活性型蛍光プローブ」を合成した。すると、非活性型蛍光プローブは、植物組織にはまったく結合しないことが分かった（図10）。この結果は、運動細胞に存在する覚醒物質の受容体は、覚醒物質の構造を精密に認識していることを示している。このように非常に小さな構造単位を精密に認識して活性の発現に関与する受容体分子の構造は化学的にも非常に興味深いものである。

このように、現象の観察から始まった就眠運動の研究も、現在では、運動細胞に存在する受容体レベルで議論することが可能となってきた。今後は、この受容体タンパク質の検出・単離を目指して研究を行い、就眠運動の全貌を分子レベルで解明したいと考えている。

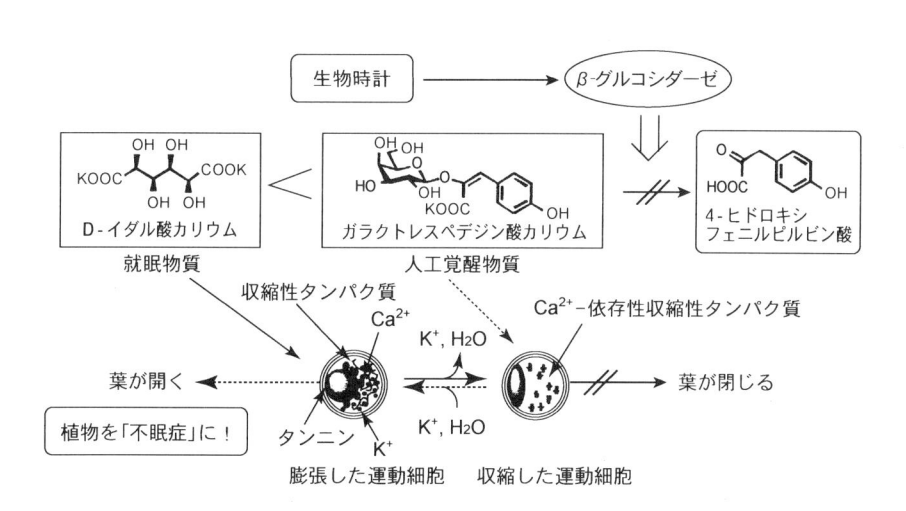

図11 人工覚醒物質を用いて植物を「不眠症」にする

図12　人工覚醒物質による植物の枯死
(左から不眠状態1日目、4日目、8日目、ブランク)

6. 植物はなぜ眠るのか？

　就眠運動に関する科学に携わる人間であれば、誰もが疑問に思う難問がある。それは、「植物はなぜ眠るのか？」という問題である。この問題に関して、進化論のダーウィン（C. Darwin）や生物時計の世界的権威であるビュニング（BÜnning）といった多くの碩学たちが、様々な考察を残している。例えば、ダーウィンは、夜間の低温から葉を閉じることで身を守るために睡眠をとるのだと述べ、ビュニングは生物時計という観点から、月光のような明かりによる生物時計のリセットを防ぐためであろうと述べている。しかし、これらの説はいずれも実験的根拠が弱く、定説とはなり得ないものだった。これはひとえに、眠らないマメ科植物を作ることができないことが原因であると考えられる。筆者らは、本分野における最大の謎であるこの難問に、化学的手法を武器としてチャレンジした。すでに明らかになった就眠運動の調節機構より、β-グルコシダーゼによって加水分解を受けない活性物質を合成すれば、これは植物の就眠運動を阻害し、植物を不眠症にすることができるのではないかと考えた（図11）。そこで、覚醒物質レスペデジン酸カリウムを基に、この分子内のグルコースの代わりにガラクトースを導入した人工覚醒物質を化学合成し[8]、植物に投与した。

合成した人工覚醒物質は、天然物と同じ活性を示したが、天然物が生体内で徐々に酵素的分解を受け、3日目には活性を示さなくなるのに対して、人工覚醒物質は1週間後でも覚醒活性を示し、葉を開いたままにさせた。このように、人工覚醒物質の投与により、目的通りマメ科植物を「不眠症」にすることに成功し、ついに、マメ科植物が就眠運動を行わない状態を作ることに成功した。その結果、「不眠症」になった葉は、約1週間程度で枯れて死んでしまうことが分かった（図12）。この結果から、葉を閉じる運動を阻害されると植物は枯死することを初めて実験的に証明することができ、就眠運動が植物の生存に不可欠な生命現象であることが明らかになった。枯死が起こることから、就眠運動は植物の水分コントロールに寄与しているものと推定された。植物における水分蒸散には、主として気孔からの蒸散と、葉の表面からの蒸散であるクチクラ蒸散の2種の機構がある。就眠物質を用いて植物の葉を眠らせ、気孔の状態を観察すると、気孔は、葉が閉じているにもかかわらず、昼間には開き、夜には閉じるという通常通りの運動を行っていることが分かった。また、その逆に、覚醒物質を用いて、植物の葉を開いたままにさせても、気孔は通常通りの運動を行うことが分かった。したがって、活性物質は気孔の開閉にはまったく影響しておらず、就眠運動は葉の表面からのクチクラ蒸散量を減少させることで、水分のコントロールに寄与しているものと推定された。

　紀元前から人類の興味を引き付けてきたこの生物現象も、筆者らの手によって、ようやく分子レベルでの理解が可能となってきた。ダーウィンの残した偉大な業績を、分子の目で見ることができる日もそう遠くないのではないだろうか。また、オジギソウの素早い運動に関しても、近年分子レベルでの理解が進んでいる。これに関しては文献を参照していただきたい[5)-6)、9)]。

文献
1) チャールズ・ダーウィン著、『植物の運動力』、森北出版、1987年。
2) 柴岡孝雄著、『動く植物』、東京大学出版会、1981年。
3) P.サイモンズ著、柴岡孝雄・西崎友一郎訳、『動く植物－植物生理学入門』、八坂書房、1996年。
4) R. L. Satter, H. L. Gorton, and T. C. Vogelmann Eds, "THE PULVINUS: MOTOR ORGAN

FOR LEAF MOVEMENT", American Society of Plant Physisology, 1990.

5) H. Schildknecht, Turgorins, Hormones of Endogeneous Daily Rhythms of Higher Organized Plants-Detection, Isolation, Structure, Synthesis, and Activity. *Angew. Chem. Int. Ed. Engl.*, 22, 695-710 (1983).

6) M. Ueda and S. Yamamura, The Chemistry and Biology of the Plant Leaf-movements, *Angew. Chem. Int. Ed.*, 39, 1400-1414 (2000).

7) M. Ueda, Y. Wada, and S. Yamamura, Direct Observation of the Target Cell for Leaf-movement Factor Using Novel Fluorescence-labeled Probe Compounds.: Fluorescence Studies of Nyctinasty in Legumes 1., *Tetrahedron Lett.*, 42, 3869-3872 (2001).

8) M. Ueda, Y. Sawai, S. Yamamura, Sugar-derivatives of Potassium Lespedezate, Artificial Leaf-opening Substances of Lespedeza cuneata G. Don, Designed for the Bioorganic Studies of Nyctinasty, *Tetrahedron Lett.* 40, 3757-3760 (1999).

9) K. Kaneyama, Y. Kishi, M. Yoshimura, N. Kanzawa, M. Sameshima, T. Tsuchiya, Tyrosine Phosphorylation in plant bneding, *Nature 407*, 37 (2000).

🌑 紙面フォーラム

質問1 植物の種類によって葉が閉じるものと閉じないものがあるが、それはどのような仕組みの違いによるものか。

解答1
　夜になると葉を閉じる植物はすべて、葉の付け根の部分に葉枕という組織を持っている。この葉枕には運動細胞という特殊な細胞があり、気孔の孔辺細胞と同様に細胞への水の出入りに伴って収縮・膨張する。このような特殊な細胞を持つことで葉の開閉運動が可能になる。

質問2 オジギソウの葉の就眠運動に収縮性タンパク質アクトミオシンが関与しているといわれているが、原形質流動に関与するアクトミオシンとは異なる特性を持つのか。また、細胞のどこに存在するのか。

解答2
　オジギソウの葉の素早い「お辞儀」にはアクトミオシンが関与している。しかし、就眠運動に関して、アクトミオシンの関与を証明するデータは今のところない。オジギソウの就眠運動も他の植物と同様に、運動細胞への水の出入りによってコントロールされていると考えられる。

第2節　花の開閉運動

1．花の開閉の時刻は決まっている

つぼみが開くときに、「開花」という語は使われる。「サクラの開花前線」や「アサガオの開花時刻」などの表現に使われる「開花」は、この意味である。しかし、この語が、つぼみが開くことを意味せず、つぼみの分化を指す場合がある。例えば、「開花ホルモン」という語は、つぼみを開かせるホルモンではなく、つぼみの分化を促すホルモンである。それゆえ、「開花」という語が使われる場合、何を意味するかを考える必要があるが、ここでは、この語をつぼみが開く意味だけに使う。

「閉花」という語は、開いていた花が閉じるときに使われる。閉じたあと、ふたたび翌日に開く花があり、この場合、「開花」「閉花」が繰り返される。開閉を繰り返さなくても、開いていた花がきちんと閉じてから萎れるものがある。その場合は、「閉花」という語を使う。一方、開いた花の花びらが閉じずに落ちるものや、開花したまま萎れてしまう花がある。これらの場合、「閉花」とは言わない。

多くの植物の開花時刻は、季節、場所、天候、気温により多少の違いはあるが、およそ決まっている（表1）。

時刻	植物
4:00	ムクゲ（8月）
5:00	アサガオ（8月）
6:00	クニクサ（6月）
7:00	タンポポ（5月）
8:00	ホテイアオイ（7月）
8:00	ハイビスカス（8月）
8:00	ムラサキツユクサ（6月）
8:00	マツバボタン（8月）
8:00	ポーチュラカ（8月）
9:00	チューリップ（4月）
9:00	ムラサキカタバミ（6月）
10:00	イネ（8月）
11:00	タマスダレ（10月）
14:00	ヒツジグサ（8月）
15:00	ハゼラン（6月）
16:00	オシロイバナ（6月）
18:00	オシロイバナ（8月）
18:00	ヨルガオ（8月）
19:00	オオマツヨイグサ（7月）
22:00	ゲッカビジン（10月）
24:00	サツキツツジ（5月）

表1　開花時刻の決まった植物

「つぼみたちの生涯」（中公新書）より引用

アサガオ、ユウガオなどは、植物名が開花時刻に由来し、それぞれ、朝、夕方に花が開く。夜開草（ヨルガオ）、月下美人、月見草、待宵草（宵待ち草）などの呼び名もこの類に属する。また、オシロイバナは英名を「four o'clock」、中国名を「スダジョン（四打鐘）」と言い、午後4時頃に花が開くという意味である。この花は、開花時刻にちなんで、和名でも夕化粧、メシタキバナなどの別名を持っている。

閉花時刻が決まっている植物も、数多くある。ゲッカビジンは、夜10時に開花し、数時間後の真夜中に閉花する。「三時の天使」というロマンティックなネーミングで市販されているハゼランという植物がある。ランの一種のような名前だが、ランではなく、マツバボタンなどと同じスベリヒユ科の植物である。その名の通り、毎日午後3時頃に、規則正しく、たくさんの小さなピンクの花が一斉に開き、午後6時頃に一斉に閉花する。

花の開閉を何日間か繰り返す場合でも、開花、閉花の時刻は決まっている。チューリップやタンポポの個々の花は、規則正しく朝に開き、夕方に閉じるという開閉を繰り返す。ムラサキカタバミ、クロッカスやタマスダレなども、朝に開花し夕方に閉花する開閉運動を示す仲間である。

このように、多くの植物で、開花、閉花の時刻は決まっている。この性質を象徴するのが、花時計である。公園や広場などで見かける花時計では、花の咲く花壇の上を時計の針が回っている。しかし、18世紀、スウェーデンの植物学者リンネがつくろうとしたホロロジウム・フローム（花時計）には、回る針は必要なかった。時計の文字盤状の花壇に、開花時刻、閉花時刻の決まっている植物種をその時刻の位置に植え、開いている花や閉じている花を見れば、時刻が分かるものだった。

多くの植物種が開花、閉花の時刻を決めているのは、生殖に有利に働くからであろう。植物は、受粉、受精のための花粉の移動を、風や昆虫に頼っている。「大切な生殖という行為を、風や昆虫に頼っていて大丈夫なのか」と心配になる。植物も不安なのだろう。それゆえ、さまざまな工夫や仕組みを持っている。その中の1つが、同じ時刻に花を咲かせることである。

同じ種類の植物は、季節をそろえて一斉に花を咲かせる。ナノハナやチュ

ーリップは春、キクやコスモスは秋である。しかし、多くの植物は、季節だけでなく、時刻をそろえて一斉に開花する。花粉を風で飛ばしても虫に運ばせても、同じ時刻に、それを受け取る仲間の花が開いてないことを想像すれば、この意義はよく分かる。風に託して多くの花粉を飛ばすことも、花の色や香り、甘い蜜で虫を誘って花粉を運ばせる努力も、まったく、無駄になるだろう。

　それぞれの株が、バラバラの時刻につぼみを開かず、決まった時刻に打ち合わせたように一斉に開花すれば、受粉、受精の可能性が高くなる。特に、花の開いている時間が短い植物にとっては、同じ時刻に一斉に花開くことは大切である。そのため、「一日花」と呼ばれる、開花後24時間以内に萎れてしまうものの多くは、開花時刻を決めている。表1にあげた植物のほとんどが、一日花である。

　それでは、どのようにして、打ち合わせたように、花は一斉に開くのであろうか。

2. 開花の刺激

　つぼみが十分に成長すると、やがて、花びらが展開し、開き始める。この現象をあまり気にとめないと、「つぼみは大きくなると、ひとりでに開花する」と思いがちである。しかし、多くの植物で、つぼみは大きくなっても、ひとりでに開くものではない。つぼみが大きくなることとつぼみが開くこととは連続しておらず、大きく成長したつぼみが開くためには、開くための刺激が必要である。

　「刺激がないと、つぼみは開かない」ことは、容易に確かめることができる。数日以内に開くつぼみを持つタンポポの鉢植えを、電灯をつけっぱなしの温度の変化しない条件下で育てる。数日間観察を続けると、つぼみは大きく育ってくる。しかし、いつまでも、そのつぼみは開かない。鉢植えを、わざわざ準備する必要もない。翌朝開きそうなタンポポのつぼみを、夕方に、花茎を少しつけて切り取り、水を満たした容器にさす。それを、電灯をつけっぱなしの温度の変化しない条件に置いておくと、朝になっても開花しない。

アサガオでも、同じことを観察できる。つぼみを持ったアサガオの鉢植えを、温度25℃の、電灯をつけっぱなした条件で育てる。日が経つにつれて、つぼみはどんどん大きく育ち、開花直前の大きさになる。しかし、そのつぼみは、何日待っても、開かない。ムラサキカタバミのつぼみも、チューリップのつぼみも、電灯をつけっぱなしの温度の変化しない条件では、花びらを閉じたままである。なんの刺激もない条件の中では、多くの植物種のつぼみは、大きく育っても、開かない。
　「自然の中では、つぼみはひとりでに開くではないか」と思われるかもしれない。しかし、自然の中では、温度は変化するし、明るさも変化する。その温度や明るさの変化を、つぼみは刺激として感じとって、開き始める。
　自然の中では、朝に太陽が昇ることにより、明るくなったり、気温が高くなることが刺激となって、花が開く。光や温度などの刺激を受けた植物が、与えられた刺激の方向に影響されずに、決まった方向に運動をする性質を傾性という。これに対して、屈性という性質がある。例えば、茎は光の方向に屈曲し、根は光の方向と反対の方向に曲がり、それぞれ、正の屈光性（または光屈性）、負の屈光性という。屈性は、与えられた刺激の方向に影響されて、ある方向に植物が運動を起こす性質のことである。
　つぼみが開くとき、花びらは「外側へ開く」と運動する方向が決まっている。それゆえ、開花する花びらの運動は、傾性である。その刺激が光の場合を傾光性（または光傾性）、温度の場合を傾熱性（または熱傾性）という。
　開花時刻の決まっている植物は、厳密に区別できるわけではないが、その刺激により、3つのグループに分けられる。そのうちの2つは、開花時刻の直前に起こる環境の変化が刺激となって開花が起こるものである。
　1つ目は、開花時刻の直前に気温が上昇することが刺激となって、開花する植物である。自然の中では、朝に太陽が昇ると、気温が高くなる。気温の上昇が刺激となって、朝の陽光の中で、開花する植物は多い。すなわち、傾熱性による開花である。気温の上昇には太陽の強い光が必要であるから、太陽の光を受けて開花する印象は強い。しかし、朝の太陽が輝き始めても、気温が上がる前に、開くことはない。朝に開花するチューリップ、ポーチュラカ（マツバボ

タン)、クロッカス、タマスダレなどがこの仲間である。

　この性質を持つ植物を確かめようと思えば、開きそうなつぼみを持った植物の鉢植えを、低い温度から高い温度の場所に移せばよい。移す時間は、自然の中で、花を開く頃がよいだろう。そのときまで、高い温度を与えなければ、閉じている。例えば、チューリップの鉢植えを準備する。この花のつぼみは、朝に閉じている。気温が上がる前に、暖かい部屋を準備し、そこに鉢植えを移す。鉢植えのつぼみは、高い温度を感じて、まもなく開き始める。しかし、まだ気温の上がっていない部屋に置かれたままの鉢植えのつぼみは、閉じたままである。この開かないつぼみにも開く能力があることを知りたければ、高い温度の場所に移せばよい。これらのつぼみも開き始めるだろう。

　2つ目は、開花時刻の直前に明るくなることが、刺激となって開花する植物である。自然の中では、朝の太陽が昇ると、明るくなる。明るくなることが刺激となって、つぼみが開く。すなわち、傾光性による開花である。タンポポやムラサキカタバミなどが、この性質を持っている。

　「つぼみが、朝の太陽の光を感じる」と言っても、「太陽の光が当たると暖かいから、温度のためだろう」と思われるかもしれない。しかし、タンポポやムラサキカタバミが、明るい光で開く場合、強い光は必要でない。温度一定の真っ暗な部屋に置かれていたつぼみに、蛍光灯の弱い光を与えただけで、開花が起こる。したがって、つぼみは、敏感に光の明るさと暗黒を区別していることになる。

　自然の中で、これらのつぼみは、太陽の姿が空に現れる日の出とともに開花の準備を始める。それゆえ、気温が上昇してから、つぼみを開く植物よりも、朝早くに開く。ただ、タンポポやムラサキカタバミがこの性質で開花するには、朝を迎えるまでの夜の温度がある程度、高くなければならない。セイヨウタンポポでは13℃以上、カンサイタンポポ、シロバナタンポポ、ムラサキカタバミでは18℃以上である。

　高校生物のある教科書では、傾光性の例として、マツバギクがあげられている。市販されているマツバギクは、たしかに朝に開き、夕方に閉じる。しかし、この花は、初めて開くときは温度の上昇に反応し、その翌日に開くときは、

つぼみが暗黒の中に入れられていても、朝に開花する。それゆえ、この花を傾光性の例として挙げるのは、適切ではないだろう。

　3つ目は、開花時刻の直前には気温の上昇や光条件の変化がなくても、つぼみを開き始める植物である。アサガオやツキミソウなどが代表である。このグループの植物は、気温の上昇や明るくなるなどの刺激がないときに、仲間と打ち合わせたように一斉に、つぼみを開く。これらの開花は、時がくると暗黒の中でも起こるので、一見、太陽の光と関係があるように思えない。しかし、この場合でも、刺激が不必要なのではない。これらの植物の開花も、光が刺激となっている。明るくなることや暗くなることが合図になっている。

　このタイプの植物では、体内に時を刻む機構（生物時計という）を持っており、その生物時計を動き出させるために、刺激が必要なのである。植物は、明るくなることや暗くなることを刺激として、生物時計を動かし、時を正確に刻んで、開花の準備を進める。したがって、時がくれば、気温の上昇や光条件の変化がなくても、つぼみは開き始める。

　例えば、アサガオのつぼみは、開花前日の夕方に、「明るい昼から暗い夜に変わる」という光条件の変化を感じる。この「暗くなる」という変化を合図とし、開花の準備を始める。アサガオは、太陽が沈んで暗くなるという刺激を合図に、夕方から時を刻み始め、約10時間後に花を開く。したがって、アサガオの花が夏の朝に開くのは、太陽が沈んで暗くなってから、約10時間後がたまたま朝だからである。秋になって、早朝はまだ暗くても、花は開く。

　オシロイバナ、ホテイアオイ、「三時の天使」、ビヨウヤナギ、ハイビスカス、ゲッカビジンなどは、温度や光条件の変化という刺激のないときに、つぼみを開く。これらの植物も、体内に時を刻む機構を持っており、ある時刻から時を刻んで、つぼみを開く。多くの場合、その生物時計を動き出させるために、「明るくなる」ことより「暗くなる」ことが刺激となっている。

　「暗くなる」ことが刺激となって、つぼみが開く時刻が決まっているかどうかは、暗黒の開始時刻を早めれば、開花時刻が早くなることで確かめられる。もっと極端な場合、昼と夜を逆にすると、夜の開花を、昼に見ることができる。例えば、自然の中で、夜に開花するゲッカビジンを昼に開花させるのは簡単で

ある。開花3日前くらいのつぼみが膨らみはじめた頃から、昼は暗い部屋に入れるか段ボール箱をかぶせる。一方、夜は蛍光灯の光を当てる。こうして、昼と夜を逆転させると、午前中から午後2時頃にかけて開花を見ることができる。

　このグループの植物が正確に時を刻んでいることは、つぼみを多くつけたツキミソウやアサガオの鉢植えを温度の変化しない真っ暗な部屋に移して、つぼみがいつ開くかを観察すると分かる。一定温度の真っ暗闇の中で、ほぼ24時間おきに、次々とつぼみが開く。「暗くなる」ことによって、時を刻む機能が誘発され、温度や光条件の変化がなくても、開花が起こる。

3. 花の開閉運動の正体

　開花、閉花を、何日間か、繰り返す植物がある。この開閉運動は、どのように起こっているのだろうか。毎日、規則正しい開閉運動を繰り返す代表的な例として、チューリップ、タンポポ、ムラサキカタバミの3種の植物で紹介する。

(1) 典型的な傾熱性反応

　チューリップの個々の花は、朝に開き夕方に閉じるという、規則正しい開閉運動を10日間ぐらい繰り返す。イギリスのウッド（W.M.L.Wood）は、どのような仕組みで、チューリップの花がこのような規則正しい開閉運動を繰り返すのかを調べた。

　1953年、彼は、1枚の花びらを外側と内側の二層に分けて水に浮かべた。水温の上昇と低下に対して、それらがどのように反応するかを観察した。その結果、7℃から17℃に温度を上げると、花びらの内側は、温度の上昇に敏感に反応して、急速に伸びた。しかし、花びらの外側は、ゆっくりとしか伸びなかった。逆に、温度を17℃から7℃に下げると、花びらの内側はほとんど反応しないのに対し、花びらの外側は、急速に伸長した。つまり、花びらの伸長する最適温度は、花びらの内側が高く、外側が低い。

これらの結果は、「気温が上がると、花びらの内側が急速に伸び、外側の伸びが少ないために、外側に反り返る。それが開花現象となる。逆に、気温が低下すると、花びらの外側が急速に伸びるのに、内側がほとんど伸びないため、開花の時にできた内側と外側の長さの差が消える。そのため、外側への反りがなくなり、閉花が起こる」という花の開閉運動の仕組み（図1）を示唆している。

　実験的に、気温7℃の場所に置かれていた鉢植えのつぼみを気温17℃の所に移すと、開花が起こる。気温17℃の場所で開いていた鉢植えの花を気温7℃の部屋に移すと、閉花する。したがって、チューリップの開花、閉花は、気温の変化が刺激となっている典型的な傾熱性によるものである。それゆえ、チューリップの花は、自然の中で、「朝には、日の出とともに気温が上がるので開花し、夕方には、気温が下がるので閉花する」という開閉運動を示す。

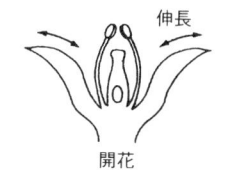

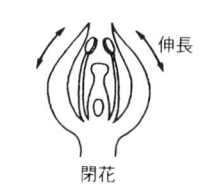

図1　花の開閉運動
「つぼみたちの生涯」
（中公新書）より引用

　花の開閉運動は、花びら（チューリップの花びらは正確には花被と言う）の内側と外側の伸びの差に基づいている。それゆえ、初めて開いた花より、何日間かの開閉運動を繰り返した花びらの方が長く伸びているはずである。そのため、花が大きくなっているはずである。実際に観察すれば、確実にそうなっている。初めて開いた花より、10日間も開閉を繰り返した花は、2倍くらいの大きさになるのも珍しいことではない。

（2）誤解された開閉運動

　タンポポの花（正確には、頭状花と言う）もチューリップの花と同じように、朝に開き夕方に閉じる。この花の開閉運動は、チューリップの傾熱性と対比するように、「典型的な傾光性であり、光の強弱に反応して、明るくなると開き、暗くなると閉じる」と、高校生物の教科書などに書かれてきた。

　しかし、京都のある高校の生物クラブが、「明るくても開かないし、暗くて

も開くことがある」のを観察し、この記述に疑いを投げかけた。そこで、筆者は、教科書の記述がどんな実験結果に基づいているかを知るため、この花の開閉運動が傾光性に基づくことを示した文献を探した。

ところが不思議なことに、この花が光の強さに反応して開閉することを示す学術論文は、外国にも日本にも、見当たらない。いく人かの教科書執筆者に尋ねたが、「この本にそのように書いてあるから」と専門書を紹介されるだけである。しかし、その専門書には「タンポポの花は、光の強弱に反応して、明るくなると開き、暗くなると閉じる」と書かれているだけである。誰がどのようにしてその結論に至ったかは、触れられていない。「いったい、誰が、いつ頃から、『タンポポの花は、光の強弱に反応して、明るくなると開き、暗くなると閉じる』ことにしてしまったのだろうか」と思いながら、実際に実験をして調べることにした。

タンポポの個々の花は、朝に開き夕方に閉じる開閉運動を3日間連続して行う。夕方に、翌朝開くはずのつぼみに花茎を少しつけて切り取り、水を満たした容器にさして、種々の温度で、17時間の夜（暗黒）を過ごさせる。翌朝になっても暗黒のままでは、つぼみは閉じている。そこで、暗黒にしたままで温度を上げると、開花が起こる。温度を高くするほど大きく開く。高い夜間温度を感受したつぼみは、低い温度で夜を過ごしたものより、同じ温度上昇でもよく開く。この開花は、暗黒中の温度上昇で生じているから、傾熱性によるものである。したがって、この花には、傾熱性の性質があることになる。

次に、種々の温度で17時間の夜を

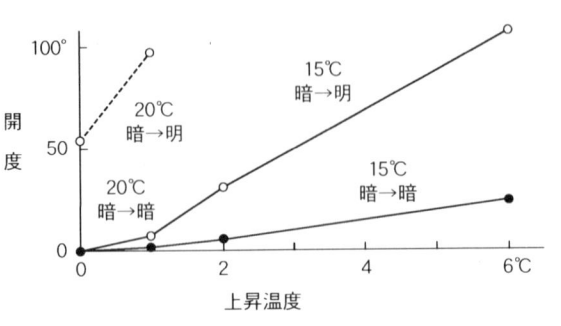

図2　タンポポの開花における傾熱性と傾光性

シロバナタンポポのつぼみを、15℃、20℃の夜の暗黒に置き、朝に暗黒のまま温度を上げた場合と、朝に光を与えて温度を上げた場合の比較
「つぼみたちの生涯」（中公新書）より引用

過ごしたつぼみを、朝、光に当てる。夜間温度が低かったものは、光だけでは開花せず、温度を上げると開花する。この開花は、温度が刺激となっており、傾熱性によるものである。一方、夜間温度の高い暗黒で過ごしたつぼみは、翌朝、光を当てるだけで、温度を上昇させなくても開く。これは傾光性による開花である。したがって、タンポポの花には、傾光性の性質もあることになる。

シロバナタンポポ、カンサイタンポポ、セイヨウタンポポの3種のタンポポで、同じような結果が得られたが、図2にシロバナタンポポの結果を示す。結局、タンポポの花には、傾熱性と傾光性の2つの性質がある。朝の開花がどちらの性質に支配されて起こるかは、夜の温度で決まる。夜間温度が高いと、翌朝の開花は傾光性によって起こり、夜間温度が低いと、傾熱性で起こる。すでに前節で紹介したように、この境の温度は、帰化種のセイヨウタンポポで13℃、日本の在来種であるシロバナタンポポ、カンサイタンポポで18℃である。

それでは、自然条件下で、タンポポがもっともよく咲く3月下旬から5月初旬にかけては、傾光性と傾熱性のどちらが、より強く開花を支配しているのであろうか。京都地方気象台のごく平均的な年の記録を見ると、京都の市街地では、3月下旬から5月初旬にかけて、午前0時から午前6時までの気温が18℃以上であった日は、1日もなかった。それゆえ、春に、シロバナタンポポやカンサイタンポポが傾光性で開くことはないと思われる。気温の上昇に反応して、傾熱性で開いているのである。一方、この時期には午前0時から午前6時までの気温が、13℃以上の日と、13℃以下の日は、ほぼ等しく同じ日数であった。それゆえ、セイヨウタンポポの開花を支配するのは、日によって、傾光性であったり、傾熱性であったりすると考えられる。

タンポポの花の開閉運動は、「典型的な傾光性であり、明るくなると開き、暗くなると閉じる」と思われてきたが、そうではなかった。朝の開花は、夜間温度が高いと傾光性によって起こり、夜間温度が低いと傾熱性で起こることが分かった。

それでは、夕方の閉花はどうであろうか。言われてきたように、「暗くなると閉じる」のだろうか。開花と同じように、傾熱性も関与しているのだろうか。

答えは、意外にも、「閉花には、傾光性も傾熱性も関与していない」である。それは、朝に開いた花を、温度も光の強さも変化しない条件に置いていても、開花後約10時間を経過すれば閉じてしまうからである。自然条件下で、夕方閉じるのは、この花の開花している時間がたまたま約10時間であり、開花後約10時間後が、ちょうど夕方になるだけである。

　子供向けの本には、「タンポポの花に帽子やバケツをかぶせると、花は閉じる」と書かれていることがある。また、太陽が雲から出たり隠れたりするのに呼応して、タンポポの花が開いたり閉じたりすると思っている人もいる。しかし、筆者らが試みた限り、短時間暗くすることで、花が閉じることはなかった。タンポポの花に対するこのような思い込みは、「タンポポの花は、明るくなると開き、暗くなると閉じる」という説明が一人歩きした結果であろう。

　開閉運動に伴う花びらの長さの変化を知るため、開閉時に屈曲する部分の細胞の長さを測った。その結果、朝には、花びらの内側の細胞がよく伸び、外側が伸びない。そのため、花びらは外側へ反って開花が起こる。その後、時間の経過とともに、花びらの外側の細胞が伸びて、内側の細胞の長さに追いつく。追いつくのに約10時間かかり、その結果、花びらの内側と外側の細胞の長さに差がなくなり、閉花が起こる。その時が夕方である。

(3) 開きっぱなしになる花

　ムラサキカタバミの花は、朝に開き夕方に閉じる開閉運動を示す。この植物は、市街地の人家近くの路傍や石垣の間などに生育している。3枚のハート型の小葉が特徴的である。関西地方では、5月下旬から花茎が葉より高くに伸び出し、その先端部分に、雑草とは思えぬ可憐な紅紫色の花を数個つける。

　この植物でも、個々の花は、3日間、開閉運動をする。この開閉運動の性質を調べると、タンポポの場合と同じであった。すなわち、開花には傾熱性と傾光性が関与しており、朝の開花は、夜間温度が高いと傾光性により、夜間温度が低いと傾熱性で起こる。この境の温度は、18℃である。開花後約10時間を過ぎると、温度や光条件と関わりなく、花は閉じる。

　タンポポでは、開花した花びらの外側の細胞が、時間の経過とともに伸び、

内側の細胞の長さに追いついて、閉花が起こった。この花も開閉運動を繰り返すと大きくなるので、同じことが起こっていると思われる。そうであれば、開いた花びらの外側の細胞が伸びないようにすれば、花は閉じず、開きっぱなしの状態になるはずである。

ムラサキカタバミの花で、これを試みた。花びらの外側の細胞が伸びるためには、細胞内でいろいろの代謝過程が動いている。その代謝を止めれば、細胞は伸びないはずである。2つの方法が考えられる。1つは、開花した後に、温度を極端に低くすることである。温度が低ければ、生物的な反応の速度は低下する。そこで、25℃で開いた花を4℃に移して、低温で外側の伸長を抑制した。その結果、予想通り、花は開いたままになった。もう1つの方法は、開いた花の外側の細胞の伸長を、代謝阻害剤で抑制することである。タンパク質合成を阻害するシクロヘキシミドを、花茎の切り口から吸収させ、代謝的に、外側の伸長を抑制した。この場合も、花は開いたままになった。

4. サツキツツジの開花

真偽のほどは別にして、「ハスの花は開くときに『ポン』という音がする」とまことしやかに語られる。これは、ハスのつぼみがごく短時間に「パッ」と開くからであろう。ハスの花に限らず、時刻を決めてつぼみを開く花々は、ごく短時間のうちに開いてしまう。

多くの植物種は、つぼみを開く時刻を決め、その時刻になると、ごく短時間の内に開いてしまう。その現象を「開花には、刺激が必要である。つぼみは気温の上昇や光条件の変化を刺激として感じ、開花する」と説明する。しかし、このように説明しても、つぼみが開くときにつぼみの中で何が起こるのか、さっぱり分からない。つぼみが開き始めるためにつぼみの中で起こることのきっかけを与えるのが、気温の上昇や光条件の変化というだけである。

気温の上昇や光条件の変化という刺激を感じてつぼみの中で、短時間のうちに、何が起こるのであろうか。刺激を感じたつぼみは、どのようにして、短時間のうちに、花びらを開かせるのであろうか。筆者らが、サツキツツジで得

た知見を紹介する。

　サツキツツジは、庭や生け垣に見られるごく一般的なツツジで、関西地方では、4月下旬から5月上旬に、花咲く。春の暖かい陽光に映えて、やわらかいやさしそうな赤色の花が、株いっぱいに咲く。開いた花は、約10日間の寿命を持ち、毎日、次々と多くのつぼみが開花し、開花期には、常に株が花いっぱいの状態となる。そのため、新しいつぼみがいつ開花するかは、非常に分かりにくい。

　一斉に開花することが知られているものの多くは、花開いて24時間以内に萎れてしまう一日花、あるいは、毎日時刻を決めて開閉運動をしている花である。前者は、アサガオ、ツキミソウ、オシロイバナ、ゲッカビジン、「三時の天使」などであり、後者は、タンポポ、チューリップ、ムラサキカタバミ、クロッカス、タマスダレなどである。

　これらには、その植物種の花が1つも開いていない光景を見ることができる。アサガオなら、夏の日の朝、一斉に花が開いているが、夕方には開いている花は1つもない。ツキミソウも夕方の開花前に開いている花は1つもない。オシロイバナも「三時の天使」も、1つの花も開いていない状態から、つぼみが開いてくる。タンポポやチューリップの場合も、朝には開いているが、夕方には閉じてしまう。朝の開花する時刻には、開いている花は1つもない。だから、これらの植物では、開花時刻が分かりやすい。

　ところが、サツキツツジは一日花ではなく、開いた花は、10日間ぐらい、開いたままになる。したがって、開いた花が多くある株の中で、つぼみが開く現象が目立たない。そこで、この花の開花時刻を知るには、ちょっと、ひどいことをしなければならない。5月上旬の早朝に、すでに開花している庭の一角の花を、すべて摘み取ってしまう。すると、その日の夕方まで、その一角には、開いた花は1つも見られない。朝から夕方までは、開花が起こらないことを意味する。夕方から時刻を追って観察すると、午後7時頃からつぼみが開き始め、真夜中の午前0時までに、その日に開くべきつぼみはほとんどすべて開花する。この花が時刻を決めて開花することは、気づかれていないだろうが、この開花現象は、毎日、規則正しく繰り返される。

5. 開花の鍵はデンプンの分解

　開花時刻近くになると、多くの植物種のつぼみは急激に大きく膨らむ。つぼみが開くとき、つぼみの中で何が起こるかの手がかりは、この膨張である。そこで、サツキツツジで、つぼみが開いていくときの花びらの大きさと重さを測定した。

　すると、つぼみが開く午後7時から午前0時までの5時間以内に、花びらの重さも大きさも、約1.5倍になることが分かった。1.5倍というと大きな印象を受けないかもしれないが、40kgの体重の人が短時間のうちに、60kgになるのと同じである。これは、かなり急激な増加である。

　花びらは、細胞からできている。したがって、花びらが大きくなるというのは、細胞が大きくなることである。そして、細胞の中は、ほとんどが水である。したがって、花びらが重くなるというのは、花びらに多くの水が吸収されるためである。つまり、花びらが大きくなり重くなるのは、花びらに多くの水が吸収されることである。生け花や切り花でも、つぼみが開くときに多くの水が吸収されることはよく知られている。

　どのような仕組みで短時間にそんなに急激に水が吸収されるのであろうか。花びらの中で起こる変化を知るために、開花直前のつぼみの花びらと完全に開いた花の花びらを、顕微鏡下で比較した。すると、開花直前のつぼみの花びらに、直径5～6μmの小さな粒がたくさん見えた。しかし、完全に開いた花の花びらには、この粒がほとんどなかった。そこで、つぼみが開く時刻を追って、その粒の数を調べた。すると、花びらの細胞の大きさが拡大するにつれて、粒の数は急激に減少した。

　この粒が何でできているかを調べると、デンプンであった。デンプンはブ

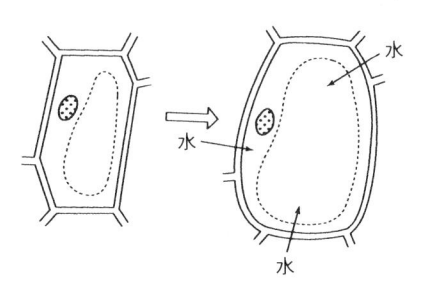

図3　花びらの細胞の変化

左：つぼみの花びら、右：開いた花の花びら
「つぼみたちの生涯」（中公新書）より引用

ドウ糖が集まってできているものであり、デンプンが分解されると、ブドウ糖ができる。デンプンの粒は水に溶けないので、顕微鏡で見ることができるが、ブドウ糖は水に溶けてしまい顕微鏡で見えなくなる。つぼみが開くとき、花びらの中でデンプンの粒がなくなるという現象は、「水に溶けないデンプン粒が分解されて、水に溶けるブドウ糖になる」ことを意味する。調べてみると、デンプン粒が消えて開花した花びらの中のブドウ糖の量は、かなり増えていた。開いた花1個に含まれるブドウ糖の量は、つぼみ1個に含まれる量の約2倍に増加していた。

　花びらの細胞の中にブドウ糖量が増えれば、細胞内の浸透圧が上昇し、水が花びらの細胞の中に入る。その結果、つぼみの花びらの細胞は、膨張し、ピンと張る（図3）。つぼみの花びらの細胞が水を吸って大きく膨れ、ピンと張ることは、つぼみの花びらが開くことにつながる。この膨張が花びらの細胞の伸長を促し、細胞は大きく成長するのだろう。吸収された水により、重さも増加する。

　つぼみが開花するときに、急激に重さと大きさを増加させる仕組みが分かった。しかし、開花という現象が、これだけで説明できるかというと、それほど簡単ではない。

6. 花の開閉の仕組み

　すでに紹介したように、「開花」は、つぼみが開くときに、花びらの内側がよく伸び、外側があまり伸びないと、外に反り返る現象である。逆に、「閉花」は、つぼみが閉じるときに、花びらの外側がよく伸びるのに、内側がほとんど伸びないために、外への反りがなくなる現象である。

　つまり、サツキツツジで分かった、花びらで起こるできごとが、花びらの内側だけで起これば、開花になる。あるいは、花びらの内側の方で外側より激しく起これば、開花になる。逆に、花びらの外側だけで起これば、閉花になる。あるいは、花びらの外側の方で内側より激しく起これば、閉花になる。したがって、花が開閉するためには、サツキツツジで明らかになった仕組みが、花び

らの内側と外側の細胞で時間差を生じて起こっていなければならない。

　筆者らは、その可能性を、「三時の天使」の花の開閉運動で調べた。「三時の天使」は、午後3時に開き、夕方6時ころに閉花する。開花時間が、わずかに、約3時間の短命な花である。

　この花の花びらを、内側と外側の細胞で観察した（図4）。花びらの内側と外側の細胞は、開花前の午後1時には、多くのデンプン粒を含んでいた。しかし、開花した午後3時には、花びらの内側の細胞の中のデンプン粒は、午後1時のときと比べて、かなり消失していた。そして、花びらの細胞は、伸長していた。それに対し、花びらの外側の細胞の中のデンプン粒は、開花前と同じくらい残っていた。細胞の伸長も見られなかった。この結果は、「花びらの内側

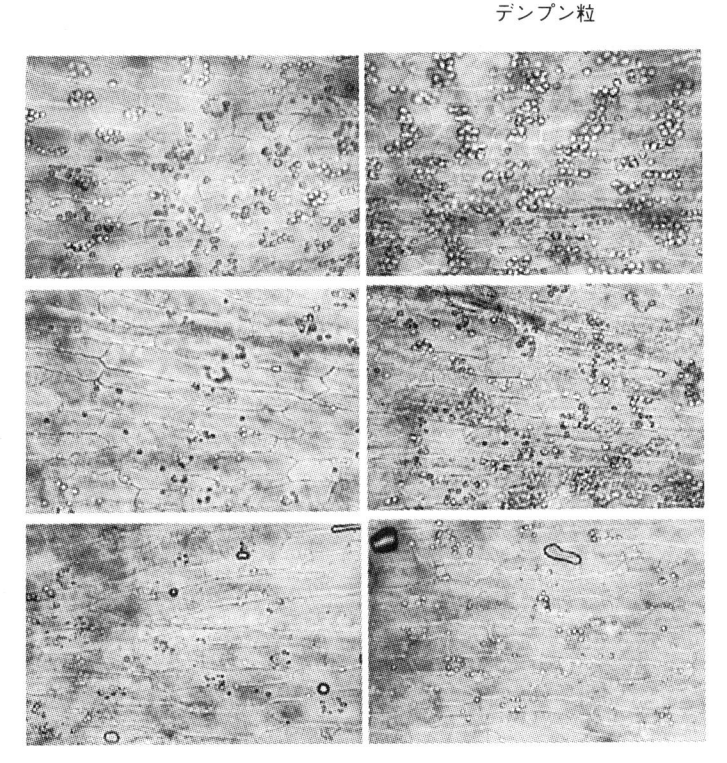

図4　「三時の天使」の花の開閉に伴う、花びらの内側（左）と外側（右）の細胞中の変化
　　　上段　午後1時（つぼみのとき）、中段　午後3時（開いた花）、下段　午後6時（閉じた花）

の細胞内では、午後1時から3時の間に、デンプン粒からブドウ糖がつくられて、デンプン粒は消失した。その結果、内側の細胞の浸透圧が上昇し、吸水が起こって細胞が伸長した。それに対し、外側の細胞では、浸透圧が上昇せず、細胞の伸長は起こらなかった。それゆえ、花弁は外側に反り返り、開花が起こった」ことになる。

　この花は、3時間後の夕方6時には閉花する。そこで、閉花した午後6時に、再び花びらの内側の細胞と、外側の細胞のデンプン粒を観察した。花びらの内側の細胞内の様子は、開花時と同じであった。しかし、外側の細胞は伸長し、その中では、開花した午後3時にあった多くのデンプン粒が消失していた。ということは、「花びらの外側の細胞内で、午後3時から6時までの3時間の間に、デンプン粒の消失に伴ってブドウ糖がつくられ、浸透圧が上昇し、水が吸収されて細胞の伸長が起こった」と考えられる。

　このように、「三時の天使」では、サツキツツジで明らかになった仕組みが、花びらの外側と内側の細胞で、時間差をもって生じている。したがって、「デンプンが分解し、ブドウ糖が生成されることが、この植物の花の開閉運動を支配している」といえる。

7. おわりに

　開花時刻の決まっている花の花びらの細胞中では、開花の起こる短時間のうちに、「デンプン粒が分解して消失し、ブドウ糖が生じて浸透圧が上昇し、吸水が起こって細胞が大きく重くなる」という仕組みが存在することが示された。また、「この仕組みが、花びらの内側と外側の細胞で、時間差をもって起これば、開閉運動が起こる」ことが示唆された（図5）。今後に残された問題は、主に、3つある。

　1つ目は、「この仕組みが、どれほど多くの植

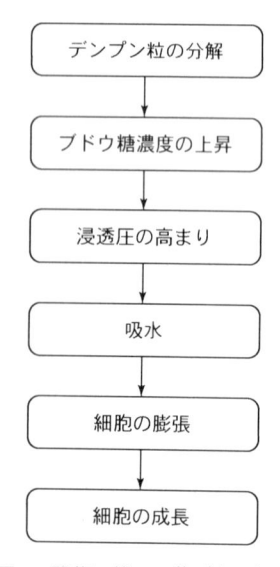

```
┌─────────────────┐
│  デンプン粒の分解  │
└────────┬────────┘
         ↓
┌─────────────────┐
│  ブドウ糖濃度の上昇 │
└────────┬────────┘
         ↓
┌─────────────────┐
│   浸透圧の高まり   │
└────────┬────────┘
         ↓
┌─────────────────┐
│       吸水        │
└────────┬────────┘
         ↓
┌─────────────────┐
│    細胞の膨張     │
└────────┬────────┘
         ↓
┌─────────────────┐
│    細胞の成長     │
└─────────────────┘
```

図5　開花に伴い、花びらの細胞内で起こる変化

物に、普遍的に存在するか」を調べることである。開花時刻近くにつぼみが急激に大きく膨張するのは、多くの植物種に共通の現象である。そこで、この仕組みが、どれほど多くの植物に共通しているのかが問題である。すでに、いくつかの植物種で、つぼみの花びらと開いた花の花びらを、顕微鏡で観察して比較した。現在までに、「つぼみの花びらの中に、デンプンの粒が多数認められるが、開いた花の花びらには、その数は極端に減っている」という結果を示す植物種がいくつか見つかっている。オシロイバナ、ビヨウヤナギ、ポーチュラカ、クチナシなどである。それゆえ、これらの植物でも、開花直前につぼみが急激に膨張するのに、この仕組みが働いていると思われる。

　2つ目は、「開花の刺激を受けたときに、花びらの内側と外側の細胞の中で起こるできごとに、なぜ、時間差が生じるのか」が問題となる。同じ刺激を受けても、内側と外側で反応の敏感さが異なるのは、細胞壁あるいは細胞膜などの組成が異なるからであろうか。あるいは、ある特別な物質が、内側の細胞と外側の細胞とを識別して、働くからであろうか。今後に残された課題である。

　3つ目は、「なぜ、決まった時刻（開花時刻）に、デンプンがブドウ糖に変わり始めるのか」である。「暗くなる」ことを刺激として感じ、時を刻み始める植物は、デンプンをブドウ糖に変え始める時刻をどのように知るのだろうか。この時刻は、どのように決められているのか。サツキツツジや「三時の天使」で、デンプンが分解して生じるブドウ糖の含量を測定すると、たしかに時間とともに正確に変化している。この変化には、時を刻む仕組みが関与しているはずである。しかし、時を刻む仕組みの本体は分かっていない。

　以上、開花時刻が決まって短時間のうちにつぼみが開く植物を紹介してきた。しかし、バラやサクラやコスモスのように、開花時刻が明確でなく、ゆっくりと花が開きながら成長する植物もある。それらについて得られている知見は乏しいが、茎や葉から供給されるブドウ糖が大切な働きをしていることが示唆されている。

文献

田中修（2000）「つぼみたちの生涯」 中公新書 中央公論新社

Takimoto, A.(1986) Oenothera. In A.H.Halevy, ed., Handbook of Flowering Vol. 5, pp.231-236. CRC Press, Boca Raton, Florida.

Kaihara, S. and Takimoto, A.(1979) Environmental factors controlling the time of flower-opening in *Pharbitis nil*. Plant Cell Physiol. 20:1659-1666.

Wood, W.M.L.(1953) Thermonasty in tulip and crocus flowers. J.Exp.Bot. 4:65-77.

Tanaka, O., Wada, H., Yokoyama, T. and Murakami H.(1987) Environmental factors controlling capitulum opening and closing of dandelion, *Taraxacum albidum*. Plant Cell Physiol. 28:727-730.

Tanaka, O., Tanaka, Y. and Wada, H.(1988) Photonastic and thermonastic opening of capitulum in dandelion, *Taraxacum officinale* and *Taraxacum japonicum*. Bot. Mag. Tokyo 101 : 103-110.

Tanaka, O., Murakami H., Wada, H., Tanaka, Y. and Naka Y.(1989) Flower opening and closing of *Oxalis martiana*. Bot. Mag. Tokyo 102 : 245-253.

Ichimura, K., Mukasa, Y., Fujiwara, T., Kohata, K., Goto, R. and Suto, K.(1999) Possible roles of methyl glucoside and myo-inositol in the opening of cut rose flowers. Annals of Botany 83:551-557.

Evans, R.Y. and Reid, M.S.(1988) Changes in carbohydrates and osmotic potential during rhythmic expansion of rose petals. J. Amer. Soc. Horti. Sci. 113:884-888.

紙面フォーラム

質問1 花の開閉は花びらの外側と内側の成長の差によって起こると思われるが、その成長の差を引き起こす要因は何か。

解答1

「つぼみは大きく成長すると、ひとりでに開く」と思われていることが多いが、そうではない。つぼみが開くためには、つぼみが開くための刺激が必要である。「自然の中では、つぼみはひとりでに開くではないか」と思われるかもしれない。しかし、自然の中では、温度は変化するし、昼は明るく夜は暗くなる。つぼみは、その温度や明るさの変化を刺激として感じ、開き始める。

質問2 花が開けば、昆虫を誘うために、香りが発散される。花からの香りの発散と開花とはどんな関係にあるのだろうか。

解答2

花の香りは、つぼみのときは漂ってこない。香りが漂えば、花が開いた合図になる。その香りに誘われて、昆虫は集まってくる。だから、花からの香りの発散は、昆虫に開花したことを知らせる合図になるだろう。「つぼみに香りはないが、つぼみが開き始めると一気に香りが漂い始める」という不思議な現象は、「つぼみの中に、香りになる直前の物質がつくられている。しかし、この物質は、香りの成分に重りがついたような構造をしている。だから、つぼみのときは、漂わない。一方、開きつつある花では、その重りを切る酵素が働き始める。その酵素の働きで重りが切れると、香り成分は漂うことができる。だから、開いた花からは、香りが発散する」という仕組みになっている。渡辺修治著「花はなぜ香るのか」(フレグランスジャーナル社)に、詳しく紹介されている。

第3節　食虫植物の運動

1. 食虫植物の運動の生物的意味

　一般に食虫植物に対するイメージは、「変わった格好をした器官を体のどこかに備えていて小動物を捕らえて食べる植物」ということであろう。
　食虫植物とは、独立栄養を行いながら食虫作用も営む、緑色高等植物である。約600種からなる食虫植物の生育場所は共通して、日照条件が良く、水分の多い、貧栄養特に窒素分が大幅に不足している湿地、崖地または池や沼で、pH3.5-6.0の酸性の閉鎖または準閉鎖生態系である。健全な食虫器官（タヌキモ属植物以外は葉身が分化してできたものであるので、以後捕虫葉と呼ぶ）を持つ植物体が、根からどのような栄養分を摂取して生きているかは、密封型一培養による閉鎖微環境で簡単明瞭に証明されている（出井・近藤 Idei and Kondo, 1998; 市石ら Ichiishi et al., 1999）。
　すなわち、$\frac{1}{2}$希釈B5（ガンボルグ：Gamborg et al., 1968）培地中の窒素分KNO_3を減らし、BAP（N6-benzylaminopurine）を調節したり（Idei and Kondo, 1998）、$\frac{1}{2}$希釈MS（ムラシゲ・スクーグ：Murashige and Skoog, 1962）培地中NH_4NO_3とKNO_3の窒素分を極端に減らし、ショ糖を増やすことによって（Ichiishi et al., 1999）、食虫植物は健全な捕虫葉を準備し、食虫のための分泌物を活性化させ、アントシアニン色素を増やして赤みを帯び、小動物が集まりやすい態勢を整える。健全な食虫植物が必要とする栄養分は、食虫植物の生育土壌から摂取する成分の量と捕虫した小動物から摂取する成分の量の和（アダメック Adamec, 1997）と高い相関関係にある。他の高等植物と競争しなくてすむようにやせた土地を生育場所に選んだため、窒素源である小動物を効率よく捕食できるように適応と淘汰が進んだものと思われる（近藤・近藤、1972）。
　捕虫葉は、捕食時に運動を伴うものと伴わないものがあり、上部表面に消化腺を多数分布させ、消化酵素を分泌して獲物を消化吸収し栄養としている

(ダーウィン: C. Darwin, 1875, ロイド: Lloyd, 1942, ジュニパーら: Juniper et al., 1989)。小動物を捕らえるための動く捕虫葉は、ハエトリグサ、ムジナモ、モウセンゴケ、タヌキモ、ムシトリスミレの各属に限って見られるもので、効率のよい捕虫と消化を促すために分化したものと考えられている（ダーウィン、1875）。系統分類学的には被子植物の双子葉植物であるが、前3属は離弁花類、モウセンゴケ科に属し、後2属は合弁花類、タヌキモ科に属する（近藤・近藤、1972、1983）。

2. 運動のメカニズムに関する研究の歴史

1）ハエトリグサ

食虫植物の代表、ハエトリグサ（*Dionaea muscipula* Ellis）は二枚貝状捕虫葉を0.1～0.3秒という非常に速い速度で閉合運動させ、小動物を捕らえる。1760年、当時のアメリカ合衆国ノース・カロライナ州知事 アーサー・ドブ（Arthur Dobb）がブルンスウイック郡でこの植物を発見して以来、地元の人々に驚異の目で見られてきた。エリス（Ellis）が命名時（1770；ダイエルズ:Diels, 1906中）、「ミニチュアねずみ取り」と記載し、分類学の開祖リンネ（Linne）は「自然の驚異」と述べたことからも分かるように、このすばやい捕虫は当時の植物界にセンセーションを巻き起こした。エリスは最初、この植物が虫を捕ることより、オジギソウ様の運動としか考えていなかったと思われる。エリス（1770）以降、カーチス（Curtis）、フッカー（Hooker）など、1770年代後半から1800年代の著名な植物学者らは、捕虫葉の片側3本、両側で6本の毛に葉が閉じる何らかの仕組みがあると考えていた。

ハエトリグサ捕虫葉の閉合運動と狭窄運動についての本格的な研究は、ダーウィンが1875年、『食虫植物』で詳細に記載した前後から始まる。ダーウィンの仮説（「ハエトリグサの捕虫葉の閉合運動が動物の筋肉収縮や神経と同じ特性を持っている」というもの）と依頼に基づき、バードン-サンダーソン（Burdon-Sanderson, 1873, 1899）は動物の筋肉収縮の研究に用いられた最新装置を使って食虫植物の電気信号を分析し、近代生理学の基盤となる研究を始めた。

すなわち、「感覚毛への物理的刺激が活動電位を起こして、捕虫葉を閉じさせた」というものである。以後、新しい機器が開発される度に開閉、狭窄運動の解析に進展が見られた。例えば、ヤコブソン（Jacobson, 1965）はマイクロマニピュレーターと電極を組み合わせて、動物に似た受容器電位を発見した。

2) ムジナモ

浮遊性水生植物で、ハエトリグサと類似した閉合・狭窄運動を行うムジナモ（*Aldrovanda vesiculosa* L.）は旧大陸とオーストラリア大陸に広い分布域を持つが、それぞれの生育場所は隔離し、絶滅の危機に瀕している。日本では戦後まもなくまで関東、関西地方の数個所で自生が見られたが、現在は埼玉県羽生市宝蔵寺沼の自生地が国指定天然記念物として保護されているにすぎない。しかも、現状は人の手に委ねられて生き延びているので、絶滅種として扱われることが多い。この植物は、1696年、インドでプルケネット（Plukenet）によって発見され、その後、リンネの手に渡り、"植物分類学の聖書"であるSpecies Plantarum（1753）に記載された。

ハエトリグサとムジナモはモウセンゴケ科に属し、ハエトリグサの捕虫葉が持つアントシアニン色素、デルフィニジン 3-O-グルコシド（図1）とシアニジン 3-O-グルコシド（クリサンセミン）（市石ら、1999）がムジナモ（オーストラリア産赤色のムジナモに限る；近藤・岩科、未発表）にも見られることから、化学分類学的に近縁であると考えられる。

捕虫葉は最も長い部分で4〜5mmと非常に小さく、半月状の2片が中肋で相対し、40〜50度に開いた二枚貝状となって、葉柄の先についている。1片に約20本、1個の捕虫葉で計40本ほどの感覚毛がある。感覚毛に水生小動物が触れると、1/50〜1/600秒の速さで閉合運動を完了する（ロイド、1942）。

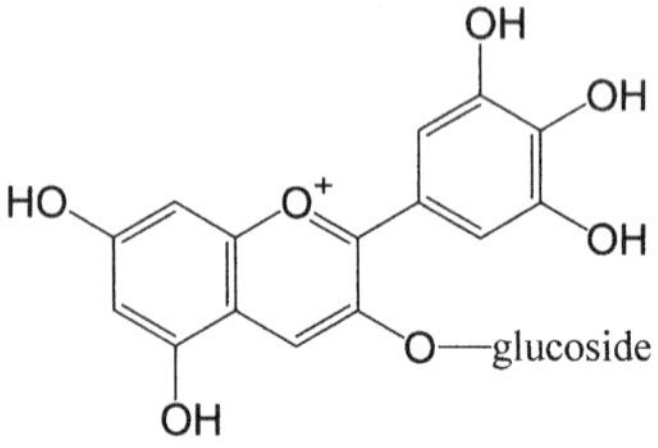

この植物の閉合・狭窄運動についての記載は、1873年のアウグ・デ・ラソース（Auge de Lassus）によるものが一番古く、同年スタイン（Stein）が再発見しているこ

図1　デルフィニジン

とを、コーン（Cohn, 1875）が自らのムジナモに関する論文で述べている。ダーウィン（1875）は、著書『食虫植物』で、「ミニチュア水生ハエトリグサ」、「閉じた捕虫葉は24～36時間で再び開く」、「捕虫葉内の毛が、ハエトリグサのように獲物の動きを感受して、閉合運動を起動するというのは少々疑わしく、むしろ触られた毛が捕虫葉を動かして、その結果閉合運動が起きる」と、述べている。ゲーベル（Goebel, 1891）は一連の解剖学的見地からムジナモの閉合運動を論じており、さらに、クザヤ（Czaja, 1924）は種々の刺激に対する反応について報告している。

ムジナモの捕虫葉の閉合運動と狭窄運動については、わが国の芦田によって初めて本格的な研究がなされた（1934, 1935, 1937）。彼は、捕虫葉には閉合運動と狭窄運動があること、閉合に葉縁速度6～16cm/秒、22～55mgの力で1/50～1/100秒かかり、閉合運動で閉じた捕虫葉は獲物が無い場合1時間以内で開くこと、さらに上部表皮細胞が膨圧を失って下部2層の表皮細胞が膨らむために起きる等、観察結果を詳細に記載している。芦田の一連の成果は柴岡らに引き継がれ、柴岡らはムジナモの捕虫運動の順序を、①獲物の感覚毛への機械的刺激、②受容細胞の受容器電位、③葉片の伝達性活動電位、④運動帯細胞の活動電位、⑤運動帯細胞の膨圧消失、⑥運動、と述べている（柴岡、1979）。

3）モウセンゴケ

モウセンゴケ科の中でもう1属運動するものとして、モウセンゴケ属がある。この属は広く全大陸に分布し、約130種が知られている。日本には、5種2種間雑種が自生している。オーストラリアで種が最も多様に分化しており、2/3の種が集中している（近藤・近藤、1983）。

モウセンゴケ属の捕虫葉は、表面に長短多数の腺毛を持つ。腺毛はマッチ棒のような形で、先端に粘液と消化液を分泌する細胞群と接触感受性を持って屈曲運動をする柄がある。また、捕虫時、捕虫葉自身も獲物を包み込むように運動する。これらの運動は非常にゆっくりしているが、確実である。ダーウィン（1875）はモウセンゴケの運動に大変興味を持ち、彼の著『食虫植物』全18章中12章をその記述に割いている。その中で、いくつかの物質を腺毛に与

えて動きを観察したところ、リン酸アンモニウムが有効で、ほんのわずか投与するだけで屈曲運動を起こすことや、接触する対象物が何であるかを区別することを発見した。ボップとウイーバー（Bopp and Weber, 1981）は、植物ホルモンのインドール酢酸を投与すると、屈曲を起こすことを発見した。モウセンゴケ属の捕虫葉の運動の度合いが、受容器電位と活動電位により調節されることを発見したのは、ピッカード（Pickard）とウイリアムズ（Williams）である（ウイリアムズとスパンスウイック: Williams and Spanswick, 1972, ウイリアムズとピッカード: Williams and Pickard, 1972a, b, ピッカード: Pickard, 1973）。腺毛の柄は、物理的刺激を与えると、先端部から基部に向かって一連の活動電位を発し、屈曲した。しかしながら、モウセンゴケ属の食虫器官が捕虫したとき、どの部分で受容器電位が起こるのかは分からなかった。モウセンゴケ属の食虫作用は、デイクソンら（Dixon et al., 1980）によって詳しく報告されている。

　捕虫葉が運動を起こして獲物を捕らえるもう1つの科はタヌキモ科であり、同科のムシトリスミレ属とタヌキモ属がその仕組みを持っている。

4）ムシトリスミレ

　ムシトリスミレ属はユーラシア大陸とそれに付随する島々、新大陸の北アメリカや西インド諸島に約100種が分布し、加えて1種が南アメリカ、アンデスの高山地帯に自生している（キャスパー: Casper, 1966）。捕虫葉は前記モウセンゴケ属に似て、葉身上部表面に多数の短いキノコ状の腺毛を持ち、先端細胞群から粘液を出して獲物を捕らえる。獲物を捕らえると、物理的、化学的刺激によって腺の膨圧が消失し、表皮組織の崩壊が起こる（ヘスロップハリソン: Heslop-Harrison, 1970）。すなわち、腺の下の部分の表皮細胞の膨圧が消失すると、葉の上部表面で獲物のすぐ下の部分に凹みができる。その部分を中心に、捕虫葉縁部のみが内部に向かってゆっくりと巻き込むような運動を起こすが、巻き鮨のようにはならない。この運動は、複雑な運動の仕組みをもつハエトリグサ、ムジナモ、モウセンゴケ属の植物に比べて、はるかに単純である。ダーウィン（1875）は、この食虫運動についても実験、観察をしており、獲物からの窒素成分に反応することを述べている。ムシトリスミレ属の腺毛からの食虫

作用、すなわち捕虫、消化酵素の分泌、消化、吸収、養分の体内への分散といった一連の過程に関する研究はヘスロップハリソンとノックス（Heslop-Harrison and Knox, 1971）やヘスロップハリソン（1975, 1876, 1978）によってなされた。

5) タヌキモ

タヌキモ属は水生、地生、着生と、多様性に富んでいて、全世界に214種が分布している（テイラー: Taylor, 1989）。この属の食虫器官も運動するが、今までのものとはまったく違った運動である。タヌキモ属の食虫器官の運動に関する初期の研究は、ゲーベル（Goebel, 1891）、カミエンスキー（Kamienski, 1895）、ブロチャー（Brocher, 1911）, ウイジイコム（Withycombe, 1924）等によってなされた。ロイド（1942）は、数種を使い食虫器官の形態と捕虫の様子を連続映画撮影して詳細に分析した。タヌキモ属の食虫器官は捕虫のうと呼ばれ、大きさ、形状、周囲の毛など形態が色々あるが、大体直径1〜2mm程度である。水面近くを浮遊するタヌキモ属各種を採集するとき、空気に触れるや否やかなり大きなパチパチとはじける音がするが、これは捕虫のうの入口のドアが急に開いて空気が中に入ったことによる。

タヌキモ属の捕虫のうがどの器官から分化したものかははっきりしない。というのは、この属の植物体は、十分に器官分化しておらず、全能性が優先されているからである（近藤等、1978, テイラー、1989）。双子葉植物でありながら、種子発芽時、水環境次第で数の違った子葉を出す。葉が伸び続けたと思うと茎になったりする。葉は不定芽を出すと、成長して捕虫のうになったり、新しい葉になったりもする。捕虫のうの内部表面には多数の排水のための吸収毛が分布し、種によってH,I,X等の形をしている（ロイド、1942, 矢口・近藤、1979, テイラー、1989）。捕虫のうの入口にはドアがあり、閉められた状態で内部の水が排水され続けるので凹型になって、約140ミリバールの陰圧となり、捕虫準備が完了する。

水中で獲物が捕虫のうのドアの毛に触れるとドアは変形して、1/160秒以内で外側にドアが開き、瞬時のうちに水と一緒に獲物を捕虫のう内に流し込む。

捕虫のうは凸型となり、1/40秒程度でドアを閉め（復元する）捕獲を完了させる。捕獲後も捕虫のうは排水を続ける（ロイド、1942）。これら入口のドアの留め金の部分の細胞構造と配列がち密であることも明らかになった。捕虫時の運動を誘発する活動電位については柴岡らが研究を行ったが、検出できなかった（サイデンハムとフィンドレイ: Sydenham and Findlay, 1973, 柴岡、1979）。ロイド（1942）は、捕虫のうのドアの開口は、ドアから外側に向かって生えている剛毛が獲物の接触により物理的に起こるのであり、生物学的応答は関係していないと述べている。

3．筆者がこの運動の研究に入った動機

筆者が小学校下級生であった昭和29年頃、父がハエトリグサ数株を入手して、栽培を始めた。その頃は、ハエトリグサを販売する園芸店や業者はほとんどなく、横浜の山草業者春及園がカタログ販売しているだけであった。宝物を扱うように栽培し、同級生が毎日のように見学にやってきて、筆者は鼻高々であった。以後、昆虫少年ならず"食虫植物少年"として育ち、大学院はハエトリグサの自生地のある所を選んだ。今でも研究材料の1つとして食虫植物を扱っている。ハエトリグサとの出会いが筆者を今の植物研究生活にまで導いた。ダイナミックなハエトリグサの捕虫、食虫のための運動は筆者を虜にして離さない。

4．現時点で考えられる運動のメカニズム

食虫植物のうち「モウセンゴケ科3属」に限って、複雑な運動をする。その中で、ハエトリグサは捕虫葉が大きくて、最も研究に適した植物である。

モウセンゴケ科のハエトリグサ属ハエトリグサ、ムジナモ属ムジナモ、モウセンゴケ属植物の「捕虫葉の運動は共通して成長作用である」という点に焦点を絞り込んで多くの研究がなされ、この証拠が提示されている。ハエトリグサとムジナモの捕虫葉で観察される閉合運動とモウセンゴケ属の捕虫葉の獲物

を包み込む運動は、一見ずいぶん違うように見えるが、運動の基本は同じと考えられる。前者の捕虫葉は、二枚貝状に中肋で2片に分かれており（図2A）、後者の捕虫葉は中肋がなく、1片である。ハエトリグサの捕虫葉を中肋のところで先端から葉柄まで縦方向に切って、葉柄の中肋部分で2切片がつながっているようにする。1〜7日で切られたストレスから回復した2切片を別々に、物理的刺激を感覚毛に与えて運動させると、それぞれ単独に運動をして、上部側（内側）方向に湾曲する（図2B）。その運動、格好は、モウセンゴケ属の葉身そのものである。ハエトリグサの捕虫葉の運動の誘起は葉身内にだけ伝達され、1片の感覚毛に与えられた運動の誘起は一瞬のうちに中肋を通し、もう一方の1片に伝えられ、別々にしかし同調的に湾曲して組み合わさり、閉合運動となる。この運動誘起は決して葉柄には関係がないので、中肋部分で縦方向に2分された葉身2片が葉柄との接続部分でつながっていたとしても、1片に刺激を与えて運動させた場合、もう1片には刺激が届かないので、まったく反応をしない。

葉身各片の中肋に接合している部分で出っ張っていない側が出っ張っている側よりも大きく上部側（内側）に湾曲することが、次の実験で簡単に分かっ

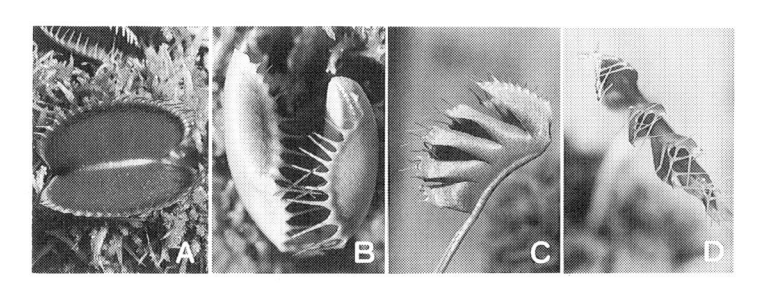

図2　ハエトリグサの捕虫葉と特徴

A. 捕虫葉は、二枚貝状に中肋で2片に分れており、1片に3本ずつ、計6本の感覚毛がある。B. 中肋のところで先端から葉柄まで縦方向に切って、葉柄の中肋部分で2切片がつながっているようにした。回復した2切片は、それぞれ単独に運動をして、上部側（内側）方向に湾曲する。C. 二枚貝状捕虫葉を、中肋でつながっているように、そして2片ずつが相対するように、中肋に対し葉柄に向かって60°の角度で葉身縁から中肋まで切り込み、数片にした。D. 各片が回復して、まっすぐ伸び切ったところで、物理的刺激を与えて閉合運動をさせると、葉身各片の中肋に接合している部分の出っ張っていない側が出っ張っている側よりも大きく上部側（内側）に湾曲した。すなわち、葉柄に向いた側が開いており、その反対側が合わさった。

た。二枚貝状捕虫葉を、中肋でつながっているように、そして2片ずつが相対するように、中肋に対し葉柄に向かって①60°（図2C）、②90°（直角）、③120°の角度で葉身縁から中肋まで切り込み、数片にする。1～7日経つと切られたストレスから回復して、各片がまっすぐ伸び切ったところで、物理的刺激を与えて閉合運動を起こさせる。すると、葉身縁の剛毛が互いに支え合うとき、①の場合、葉柄に向いた側が開いており、その反対側が合わさっている（図2D）。②の場合、葉柄に向いた側も、その反対側もぴたりと合わさっている。2枚の切片のうちどちらか一方が他方よりも速く運動をした場合は、上部側（内側）にカールして丸まってしまう。③の場合、葉柄に向いた側が閉じ、その反対側が開いてしまう。両端切片はどれもすべて、葉柄側とその反対側が合わさって、切った側が開いている（図2D）。すなわち、運動は葉身各片中央部でより大きく、葉身端部が中肋に対し垂直かそれよりも角度が大きいほど効率よく伝達されて、きちんと閉じる。葉身端部を切った部分の角度が小さくて、端部が出っ張っている場所ほど運動は到達されにくい。

　ハエトリグサの葉身1片を6部位（図3a～f）に区分して、各箇所の厚みを計測した（表1）。その結果、捕虫葉葉身片で最も厚い部位は"e"で、次いで"b"と"f"であった。これら3部位が閉合、狭窄運動に直接的に関わっている。

　捕虫葉が瞬時のうちに閉合運動をするためには、かなりの水分の移動と高い膨圧の変化が捕虫葉"e"部位を中心に、生体中のどこかに起きているはずである。捕虫葉閉合のために起きる膨圧の変化が、捕虫葉下部表皮に影響を及ぼしている。下部表皮は、閉合運動後10分経過したところでしわができ、中肋に対し直角方向に伸びた。中肋にそって平行に計測したところ、中央"e"部で28％伸びていた。ファジャーバーグとアーレイン（Fagerberg and Allain, 1991）ならびにファジャーバーグとホウ（Fagerberg and Howe, 1996）は、独自の計測方法で相対有

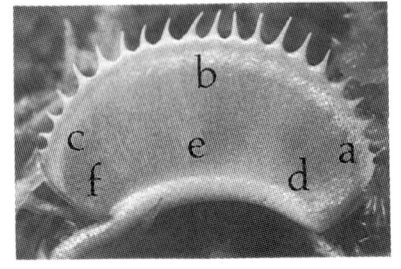

図3　ハエトリグサの捕虫葉下部表面
アルファベット記号a～fは各区分部位を示す。

表1 ハエトリグサ葉身6箇所の厚み*

部位	**厚み (mm)	範囲 (mm)
a	0.35±0.07	0.21〜0.50
b	0.50±0.07	0.36〜0.75
c	0.29±0.06	0.21〜0.45
d	0.44±0.05	0.26〜0.65
e	0.82±0.16	0.51〜1.10
f	0.50±0.10	0.36〜1.00

* 100葉身片を閉合運動後、28±0.1℃、相対湿度67±3％下で計測した。
** 部位a〜fは図3を参照。(矢口・近藤, 1981)

効度と平均細胞容量を算出し、"e"部位が大きな値を示し、最も活発に閉合運動に関与していると述べている。捕虫葉が開いているときの気孔は、ほとんどが開いており、あまり膨潤していない孔辺細胞(幅20.0±2.7μm)を持っていた。これに対し、閉合運動後10分経ったときの中肋に近い"d〜f"の気孔はほとんどが閉じており、その中でも"e"部位で最大相対値92％を示し、孔辺細胞は明らかに膨潤(幅32.0±1.3μm)していた(矢口・近藤、1981)。このことは、生体内の水が閉合運動のために使われ、孔辺細胞からも水が失われたことによるか、あるいは周囲の細胞で膨圧が高くなることにより、一時的ではあるが、影響を受けるものと考えられる。下部(外部)表皮はより多くの溶質を得、それは水ポテンシャルを変え、そのためにより多くの水を得るということも考えられる。葉身下部表皮細胞は中肋に対し垂直方向に細長く、縦じわ状となっている。"e"部位上部の各表皮細胞の幅は、閉合運動前で11.7±2.6μm、運動後10分経過したところで16.2±1.9μmとなり、約1.4倍の膨潤が見られた。そして、葉身片上部"a〜c"部位ならびに"d"および"f"部位において、縁部へ行くほど変化の幅が小さいことも分かった。水の移動と、中肋に近い部位でより厚く、葉縁部に行くにつれて薄くなる葉身片の巧妙なつくりによって、閉合運動と続いて起きる狭窄運動がスムーズに行われるものと思われる。ウイリアムズとベネット(Williams and Bennett, 1982)は、閉合運動中、運動細胞からプロトンの急激な移動があって、捕虫葉内細胞の30％のATP(アデノシン三リン酸)が消費され、そのために細胞壁の酸性度が強くなり、酸成長を促すこ

とを観察した。

　一方、捕虫葉葉身片の6部位のうち、"d"と"f"部位をそれぞれ上下に分けて上"d"の下に"g"、上"f"の下に"h"部位を分けて、合計8か所に検出端を設定し、閉合運動中に起こる静電容量の変化を調べた（図4）（近藤・橋本, 1981）。"e"部位においては、物理的刺激後60〜720秒間に静電容量が0から0.3〜2.0pFの範囲で複雑に変動しながら上昇を続けたが、平衡状態にならなかった（図4E）。一方、6×6mm^{2}銅箔テープ検出端を葉柄中肋に1cm間隔でセットして、閉合運動が鱗茎や根から水分補給を促しているかどうか調べたところ（図4Ⅰ）、捕虫葉水分代謝への水の補給はなく、刺激前から閉合運動中および後を通して、静電容量は平衡状態を保って変化はなかった。したがって、捕虫開閉に要する水分は捕虫葉内で賄っていることが考えられる。これを支持する実験として、捕虫葉を葉柄から切り取って、感覚毛に短時間に二度以上触れると、なんら支障なく、また速度も変わらず閉合運動を行う。閉合、狭窄運動に必要な水分量は捕虫葉内にあると考えてよい。

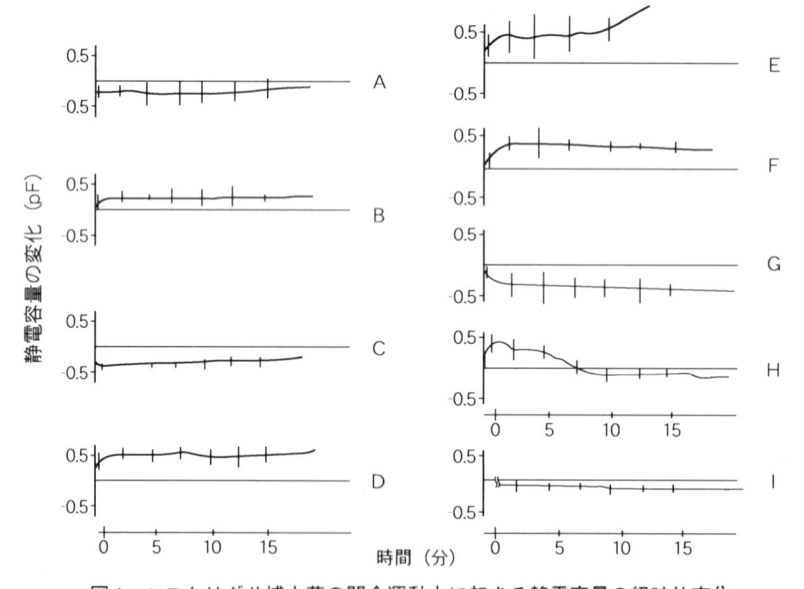

図4　ハエトリグサ捕虫葉の閉合運動中に起きる静電容量の経時的変化

A〜Fは図2の捕虫葉上での検出端接着分析部位a〜fでの静電容量の変動、Gはdの下、Hはfの下の部分で検出した静電容量の変動、そしてIは葉柄中肋で検出した静電容量の変動。（近藤・橋本, 1981）

ハエトリグサ閉合運動の前後における捕虫葉葉身下部（外側）の葉温の平面的分布パターンの経時的変化を見ると（図5；近藤・橋本、1981）、物理的な刺激の前（図5A）と閉合運動直後（図5B）では、温度分布に大きな変化が見られ、それ

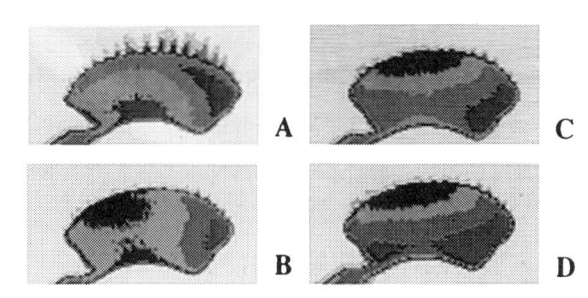

図5　ハエトリグサの捕虫葉下部における、閉合運動前後の葉温の平面的分布パターン画像の経時的変化

図5．ハエトリグサの捕虫葉下部における、閉合運動前後の葉温の平面的分布パターン画像の経時的変化。下部葉面の温度分布が、低温から高温まで黒→青→緑→シアン→赤→紫→黄→白の順に色別されている。黒と白の温度差は2.8℃。A. 物理的刺激前。B. 物理的刺激を受けて閉合運動した直後。C. 閉合運動後1分経過。D. 閉合運動後2分経過。（近藤・橋本、1981）

はさらに閉合運動後1分位（図5C）変動してから安定した（図5D）。葉柄の色調は、全実験行程中まったく変化を示さなかったので（図5）、根や鱗茎基部からの水の供給はほとんどなかったと考えられる。ハエトリグサに化学物質を含む水溶液を取り込ませる実験を行った経験から、他の一般的植物に比べて、根からの吸収、水の吸い上げは非常に弱いことが分かっている。

　ボップとウイーバー（Bopp and Weber, 1981）は、アフリカナガバノモウセンゴケの捕虫葉にインドール酢酸、2,3,5-トリヨード安息香酸、p-クロロフェノキシイソブチル酸やアブシジン酸（ABA）を投与すると、屈曲を起こすことを発見した。そして、アフリカナガバノモウセンゴケは捕虫葉で獲物からの刺激を受けた部分の先端部でインドール酢酸がつくられ、移動し、特異的成長によって屈曲が起きると述べている。さらに、ウエイルブレナーとボップ（Weilbrenner and Bopp, 1981）は、オーキシン阻害剤のPCIBによって運動を制御できることを報告した。そこで、ハエトリグサの捕虫葉にも、同様に運動制御に期待が持てる化学物質に関連する実験が行われた（近藤・矢口, 1983）。いろいろ投与した中で、植物の成長を阻害するABA、エネルギー伝達阻害剤のジシクロヘキシルカルボジミド（DCCD）、植物伸長成長を促進するフシコクシン（FC）、植物成長調節をするサイトカイニン（カイネチン）、2,4-ジクロロフェノキシ酢酸（2,4-D）に捕虫葉の開閉運動に対する阻害反応が見られた。

ABA, DCCD, 2,4-Dをそれぞれ捕虫葉に投与後、感覚毛に物理的刺激を与えて、閉合運動させると、捕虫葉は閉じたままの状態となった。しかし、下部表皮にしわができたものの、2,4-D投与区を除いて枯れることはなかった。これに対して、FCとカイネチンの処理区では、感覚毛に物理的刺激を加えると捕虫葉は閉合運動をして閉じたが、2日以内には再び開き、下部表皮は正常であった。

ハエトリグサの捕虫葉において、形態形成、発育展開から捕虫葉は閉じている状態が基本であって、一般の植物の葉が開くように葉身が開くのであるが、膨圧、細胞壁の発達等、特殊なバネ状に押し開いて、捕虫前の状態になると考えられる。それに起動因子が働くと、仕掛けが開放されて、閉合運動を起こして葉が閉じる、と考えられる。ABA, DCCD, 2,4-Dは物理的刺激を与えて閉合させた捕虫葉の再生生理的「再成長」機能を停止させてしまうので、閉合した捕虫葉は二度と開かないものと思われる。

一方、ハエトリグサの捕虫葉内部のpHを人為的に変えることにより、物理的刺激を与えなくても閉合運動を引き起こす(ウイリアムズとベネット：Williams and Bennett, 1982)。すなわち、強酸性状態にすると閉合運動し、徐々に中性状態に近づけていくと閉合運動は弱くなり、一方、アルカリ性では運動をしない、という。ホデイックとシーバース (Hodick and Sievers, 1989) は、類似のpH依存現象を狭窄運動で証明した。

一般に、「一培養、組織培養大量増殖中のハエトリグサは培養瓶内で捕虫葉の閉合運動ができない」というのが常識であった。通常、ハエトリグサの培養には$\frac{1}{2}$希釈MS培地を使うが、この培地は貧栄養を好む食虫植物にとって大変栄養豊かで、増殖するにはよいが、捕虫、食虫機能の面では合理的ではないことが分かった。食虫植物は捕虫葉で小動物を捕らえて窒素源とするようにできているので、培地中の窒素源を減らす(NH_4NO_3とKNO_3をそれぞれ通常の$\frac{1}{8}$の量までに減らす)か除き、さらにショ糖の量を一般に使われるよりも増量することにより、植物体は小型化し、多芽体増殖は減ったが、捕虫葉の閉合運動が健全に機能する状態に保たれた。捕虫葉の運動機能は、葉身上部表面の色調に相関し、暗赤色〜赤色のものが最も機敏に閉合運動を行うことが分かり、それはNH_4NO_3とKNO_3の量に相関して、人為的に完全に調節できることを見い

だした(市石ら、1999, 梶田・近藤一部改良)。

捕虫葉の老化は、葉身片が反対側、すなわち下部側に反り返ることで終末を迎える。健全な捕虫葉が獲物を2度ほど捕食しても(場合によっては1度の捕食で)このような格好になってしまうと、感覚毛にいろいろな刺激を与えても運動反応はまったく起こらず、このままの状態で数週間経つと葉全体が枯死する。

現在、閉合運動のメカニズム(図6)については、① 捕虫葉の上部表皮の膨圧の急な減少によりたわみやすくなる、② 運動細胞の急激な酸性化による細胞壁のゆるみによる、または③ 加えられたストレスの方向を決定する特異的なミクロフィブリル構造の細胞壁からなる捕虫葉上部表皮とそれに隣接する葉肉の細胞壁と下部表皮の繊維状の組織の急な伸長による、という3つの考え方がある。今後、新しい手法を導入した詳細なメカニズムの解明に期待したい。

5. 今後の研究課題と問題点

前にも述べたように、食虫植物の生育場所は閉鎖または準閉鎖型生態系であり、しかも貧栄養な場所である。完全密封型一培養で培地を調節することに

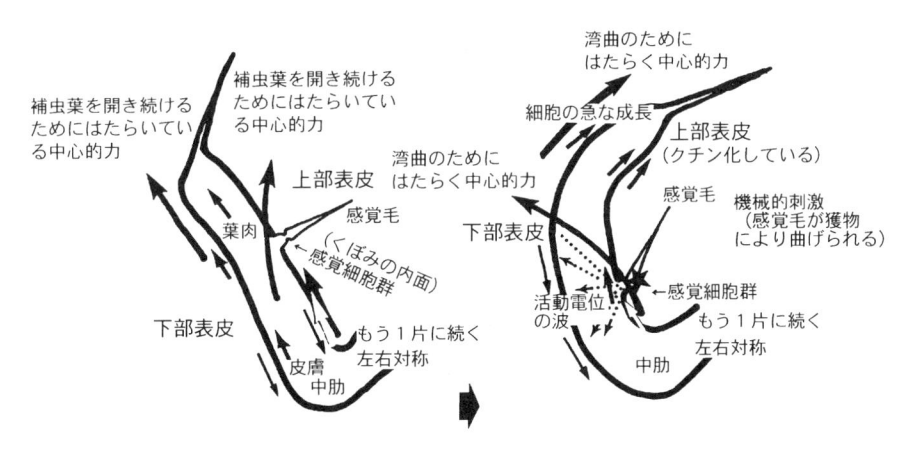

図6 捕虫葉の閉合運動のメカニズム

よって食虫機能や形態形成が制御できることが分かってきた。ハエトリグサでは、捕虫葉縁のまつ毛状の剛毛（比較的柔らかいので毛といったほうがよいかもしれない）が突然変異でサメの歯状になった系統が固定化されて、最近栽培品種化された（図7A）。筆者は二枚貝状捕虫葉の中肋先端部側が融合して半袋状になった捕虫葉を持つ突然変異系統の作出に成功した

図7 ハエトリグサの捕虫葉突然変異体
A. 捕虫葉縁部がサメの歯状になった系統。B. 捕虫葉の先端部側が融合して半袋状になった捕虫葉を持つ系統。

（図7B）。この系統は、捕虫葉を閉じる機能を維持しているものの、半袋状になっているためきんちゃくをしめるようにはならないので、きちんと閉じることができない。運動と捕虫葉の形は合理的にできている。一方、モウセンゴケ属中、オーストラリア産にハエトリグサに外部形態がそっくりの*Drosera falconerii*という種がある。一方、デイクソンとペイトら（Dixon and Pate, 1978, Dixon et al., 1980）は、ハエトリグサとモウセンゴケ属の1種 *Drosera erythrorhiza* の1突然変異体の捕虫葉を比較して、捕虫葉中心部の腺に柄がない点、粘液が両者にある点、前者の捕虫葉縁の剛毛と後者の捕虫葉縁の腺毛の分化過程、維管束との連結の仕方が非常に似ているところから、起源は同じであると述べている。

また、ハエトリグサとムジナモの感覚毛とモウセンゴケ属の腺毛の同一起源説もよく知られている。ジョエル（Joel, 1982）も、ハエトリグサとモウセンゴケ属植物の捕虫葉の類似性について言及している。また、系統学的にモウセンゴケ科に近い関係にあるユキノシタ科のユキノシタ属の中には、食虫作用（消化、吸収）こそないが、多数の腺毛を持つものがあり、外部形態もハエトリグサに酷似している種がある。ウイリアムズら（Williams et al., 1994）は、葉緑体ゲノムにコードされている光合成遺伝子の1つリブロース-1,5-二リン酸カルボキシラーゼ／オキシゲナーゼの大サブユニットの *rbcL*（ribulose-1,5-

bisphosphate carboxylase）遺伝子を使って分子系統学的研究を行ったところ、モウセンゴケ科の中でモウセンゴケ属、ハエトリグサ属、ムジナモ属が1つのコアをつくってごく近縁であることを確かめた。近年の分子遺伝学的、分子発生遺伝学的手法を用いて、形態形成や器官形成に関与する遺伝子の単離と別な部分への導入実験による形質発現と調節機構に関する研究は部分的に可能となっているので、近い将来さらに技術取得、知識が向上すれば、この興味ある捕虫葉の形状、起源、動くメカニズムが解明されるに違いない。

　ハエトリグサもムジナモも、「捕虫葉に感覚毛をもっていて、短い間隔で2回以上触れると非常に速い速度で閉合運動を行う」というのが常識である。しかし、捕虫葉上部表面の、感覚毛以外の部分を柄つけ針やピンセットで刺したりひっかいたりしても閉合運動が起きることは意外に知られていない。我々は捕虫葉の閉合運動の起動因子は感覚毛にあるという目先の事実と先入観にとらわれっぱなしである。観察する者にとって、感覚毛に集中して触れた方がより確実に、ドラマチックに閉合運動が起きるし、組織学的にも、電気生理学的にも、物語を展開するのには都合がよいからである。しかし、感覚毛を使わない受容器電位と活動電位についての電気生理学的研究をすれば物語が少しは変わるかもしれない。今後の研究が待たれる。

　ハエトリグサの感覚毛に、短い間隔で2度以上物理的刺激を与えると閉合運動が起こることは、少しは同植物に興味を持つ人であれば誰もが知っているし、園芸店にならんでいる植物にいたずらして、知っている方も多いと思う。この事実をきちんとした実験プロセスを踏んで論文にしたのがバードン-サンダーソンとページ（Burdon-Sanderson and Page, 1876）である。彼らは、1分間に1回の割合で感覚毛に物理的刺激を与えていくと完全に閉合した捕虫葉が徐々に増え、6分目、6回目の物理的刺激で実験に使った全個体がこのときまでに閉合運動を完了した。ハエトリグサ捕虫葉のどこに2回以上の物理的刺激を記憶し、認識し、反応するのか。また、獲物を捕獲後の完璧な狭窄運動をどうやって行うのか、IC的バイオセンサーに関する課題も多い。

謝辞

この原稿をまとめるにあたって、時間を惜しまず図表作成等に多大な貢献をいただいた植物遺伝子保管実験施設鈴木理恵氏に感謝する。

文献

Adamec, L. (1997) Mineral nutrition of carnivorous plants: A review. Botanical Review 63: 273-299.

Ashida, J. (1934). Studies on the leaf movement of *Aldrovanda vesiculosa* L. Process and mechanism of the movement. Mem. Coll. Sci., Kyoto Imp. Univ. B. 9: 141-244.

Ashida, J. (1935). Studies on the leaf movement of *Aldrovanda vesiculosa* L. II. Effects of mechanical, electrical, thermal, osmotic and chemical influences. Memoirs of College of Sci., Kyoto Imperial University B. 11: 55-113.

Ashida, J. (1937). Studies on the leaf movement of *Aldrovanda vesiculosa* L. III. Reaction time in relation to temperature. Botanical Magazine Tokyo 51: 505-513.

Bopp, M. and Weber, W. (1981). Hormonal regulation of the leaf blade movement of *Drosera capensis*. Physiologia Plantarum 53: 491-496.

Brocher, F. (1911). Le probleme de l' Utricularire. Ann. de Biol. lacustre 5: 33-46.

Buchen, B. and Schroder, W. H. (1986). Localization of calcium in the sensory cells of the *Dionaea* trigger hair by laser micro-mass analysis (LAMMA). p. 233-240. In: Trewavas, A. J., Ed., Molecular and cellular aspects of calcium in plant development. NATO ASI Series, Plenum Press, N.Y.

Buchen, B., Hensel, D. and Sievers, A. (1983). Polarity in mechanoreceptor cells of trigger hairs of *Dionaea muscipula* Ellis. Planta (Berl.) 158: 458-468.

Buchen-Sanderson, J. (1873). Note on the electrical phenomena which accompany stimulation of leaf of *Dionaea muscipula*. Proceedings of the Royal Society London 21: 495-496.

Buchen-Sanderson, J. (1899). On the relation of motion inanimals and plants to the electrical phenomena which are associated with it. Croonian lecture, Proceedings of the Royal Society London 65: 37-64.

Casper, S. J. (1966). Monographie der Gattung *Pinguicula* L. Bibliotheca Botanica, Melchior, H., Ed., E. Schweizerbart' sche Verlagsbuchhandlung, Jena, pp. 209+16 plates.

Casser, M., Hodick, D., Buchen, B. and Sievers, A. (1985) Correlation of excitability and bipolar arrangement of endoplasmic reticulum during the development of sensory cells in trigger hairs of *Dionaea muscipula* Ellis. Europian Journal of Cell Biology 36, Spplement 7: 12.

Cohn, F. (1875). Uber die Function der Blasen von *Aldrovanda* und *Utricularia*. Cohns Beitrage zur Biologie der Pflanzen 1: 71-92.

第3章 傾 性 173

Czaja, A. Th. (1924). Reizphysiologische Untersuchungen an *Aldrovanda vesiculosa* L. Arch. f. d. gesamte Physiologie d. Menschen u. Tiere 206: 635-658.

Darwin, C. (1875). Insectivorous plants. John Murray, London, pp.377.

Diels, L. (1906). IV. 112. Droseraceae. In A. Engler, Ed., Das Pflanzenreich, Leipzig, pp. 136.

Dixon, K. W. and Pate, J. S. (1978). Phenology, morphology and reproductive biology of tuberous sundew, *Drosera erythrorhiza* Lindl. Australian Journal of Botany 26: 441-454.

Dixon, K. W., Pate, J. S. and Bailey, W. J. (1980). Nitrogen nutrition of the tuberous sundew *Drosera erythrorhiza* Lindl. with special reference to catch of arthropod fauna by its glandular leaves. Australian Journal of Botany 28:283-297.

Fagerberg, W. R. and Allain, D. (1991). A quantitative study of tissue dynamics during closure in the traps of Venus's flytrap *Dionaea muscipula* Ellis. American Journal of Botany 78: 647-657.

Fagerberg, W. R. and Howe, D. G. (1996). A quantitative study of tissue dynamics in Venus's flytrap *Dionaea muscipula* (Droseraceae). II. Trap reopening. American Journal of Botany 83: 836-842.

Gamborg, O. L., Miller, R. A. and Ojima, K. (1968). Nutrient requirement suspension cultures of soybean root cells. Experimental Cell Research 50: 151-158.

Goebel, K. (1891). Morphologische und Biologische studien-V. *Utricularia*. Annales du Jardin Botanique de Buitenzorg 9: 41-119.

Heslop-Harrison, Y. (1970). Scanning electron microscopy of fresh leaves of *Pinguicula*. Science 167: 172-174.

Heslop-Harrison, Y. (1975). Enzyme release in carnivorous plants, Chapter 16: in Dingle, J. T. and Dean, R. T., Eds., Lysosomes in biology and pathology 4, North Holland Publ. Co., Amsterdam, p. 525-578.

Heslop-Harrison, Y. (1976). Enzyme secretion and digest uptake in carnivorous plants: In Sunderland, N., Ed., Perspectives in experimental biology, Vol. 2, Pergamon Press, Oxford, p. 463-476.

Heslop-Harrison, Y. (1978). Carnivorous plants. Scientific American 1978 February Issue: 104-115.

Heslop-Harrison, Y. and Knox, R. B. (1971). A cytochemical study of the leaf-gland enzymes of insectivorous plants of the genus *Pinguicula*. Planta (Berl.) 96: 183-211.

Hodick, D. and Sievers, A. (1986). The influence of Ca^{2+} on the action potential in mesophyll cells of *Dionaea muscipula* Ellis. Protoplasma 133: 83-84.

Hodick, D. and Sievers, A. (1989). On the mechanism of trap closure of Venus's flytrap (*Dionaea muscipula* Ellis). Planta (Berl.) 179: 32-42.

Iijima, T. and Sibaoka, T. (1982). Propagation of action potential over the trap lobes of *Aldrovanda vesiculosa*. Plant and Cell Physiology 23: 679-688.

Ichiishi, S., Nagamitsu, T., Kondo, Y., Iwashina, T., Kondo, K. and Tagashira, N. (1999). Effects of macro-components and sucrose in the medium on in vitro red-color pigmentation in *Dionaea muscipula* Ellis and *Drosera spathulata* Labill. Plant Biotechnology 16: 235-238.

Idei, S. and Kondo, K. (1998). Effects of NO_3^- and BAP on organogenesis in tissue-cultured shoot primordia induced from shoot apices of *Utricularia praelonga* St. Hil. Plant Cell Reports 17: 451-456.

Jacobson, S.L. (1965). Receptor response in the Venus's flytrap. Journal of General Physiology 49: 117-129.

Jacobson, S. L. (1974). Effect of ionic environment on the response of the sensory hair of Venus's flytrap. Canadian Journal of Botany 52: 1293-1302.

Joel, D. M. (1982). How the bladderwort captures its prey. Islael Land and Nature 8: 54-57.

Juniper, B. E., Robins, R. J. and Joel, D. M. (1989). The carnivorous plants. Academic Press, London, pp.353.

Kamienski, F. (1895). Lentibulariaceae. In Engler, A., Ed., Pflanzenfamilien, Leipzzig Verlag von Wilhelm Engelman 4 (3), p. 108-123.

近藤勝彦・橋本康（1981)、『食虫植物ハエトリグサの捕虫運動機構における水分代謝に関する研究』日本生物環境調節学会第19回大会（高知)、p. 31-33。

近藤勝彦・近藤誠宏（1983)、『原色食虫植物』家の光協会、東京、pp.230。

近藤誠宏・近藤勝彦（1972)、『食虫植物』文研出版、大阪、pp.292+3。

Kondo, K., Segawa, M. and Nehira, K. (1978). Anatomical studies on seeds and seedlings of some *Utricularia* (Lentibulariaceae). Brittonia 30: 89-95.

Kondo, K. and Yaguchi, Y. (1983). Stomatal responses to prey capture and trap narrowing in Venus's flytrap (*Dionaea muscipula* Ellis). II. Effects of various chemical substances on stomatal responses and trap closure. Phyton (Buenos Aires) 43: 1-8.

Lichtner, F. T. and Williams, S. E. (1977). Prey capture and factors controlling trap narrowing in *Dionaea* (Droseraceae). American Journal of Botany 64: 881-886.

Lloyd, F. E. (1942). The carnivorous plants. The Ronald Press Co., New York, pp. 352.

Murashige, T. and Skoog, F. (1962). A revised medium for rapid growth and bioassays with tobacco tissue cultures. Physiol. Plant. 15: 473-497.

Pickard, B. G. (1973). Action potentials in higher plants. Botanical Review 39: 172-201.

柴岡孝雄（1979)、「タヌキモとムジナモ」自然 34 (1) : 72-81。

Stuhlman, O. (1948a). A mechanical analysis of the closure movements of Venus's flytrap. Physical Review 74: 119.

Stuhlman, O. (1948b). A physical analysis of the opening and closing movements of the lobes of Venus's flytrap. Bulletin of the Torrey Botanical Club 75: 22-44.

Sydenham, P. H. and Findlay, G. P. (1973). The rapid movement of the bladder of *Utricularia* sp. Australian Journal of Biological Sciences 26: 1115-1126.

Taylor, P. (1989). The genus *Utricularia*-a taxonomic monograph. HMSO Books, London, pp. 724.

Weilbrenner, I. and Bopp, M. (1981). The role of indoleacetic acid in the control of leaf blade movement of *Drosera capensis*. Carnivorous Plant Newsletter 10: 37.

Williams, S. E. and Bennett, A. B. (1982). Leaf closure in the Venus's flytrap: an acid growth response. Science 218: 1120-1122.

Williams, S. E. and Bennett, A. B. (1983). Acid flux triggers the Venus's flytrap. New Scientist 97: 582.

Williams, S. E. and Pickard, B. G. (1972a). Receptor potentials and action potentials in *Drosera* tentacles. Planta (Berl.) 103: 193-221.

Williams, S. E. and Pickard, B. G. (1972b). Properties of action potentials in *Drosera* tentacles. Planta (Berl.) 103: 222-240.

Williams, S. E. and Spanswick, R. M. (1972). Intracellular recordings of the action potentials which mediate the thigmonastic movements of *Drosera*. Plant Physiology (Lancaster) 49 supplement: 64.

Withycombe, C. L. (1924). On the function of the bladders in *Utricularia vulgaris* L. Journal of the Linnean Society of London 46: 401-413.

Yaguchi, Y. and Kondo, K. (1981). Stomatal responses to prey capture and trap narrowing in Venus's flytrap (*Dionaea muscipula* Ellis). Phyton (Buenos Aires) 41: 83-90.

矢口行雄・近藤勝彦（1979）、「タヌキモ属植物吸収毛の走査電子顕微鏡的観察」植物と自然 13: 35+1 プレート。

● 紙面フォーラム

質問1 虫の種類（植物に害のある物質を出す虫など）によって捕虫葉の開閉運動に違いはないのか。

解答1
　植物に害のある物質を出す虫など、虫の種類を区別ができるか、さらには間違って捕らえた虫をどのように処理をするか、という報告は主要学術雑誌にはまだ発表されていない。ただし、動物由来の物質と小石や水の区別は可能で、捕らえたものが石のようなものであった場合、約半日で捕虫葉を開いて、転がり出てしまうのを待つし、水であれば閉合しないか、水圧を高めればいったん閉じるが、すぐに開く。一方、アシナガバチなど獲物が食虫作用に十分抵抗できる力を持つ小動物であれば、自力で閉合運動中の捕虫葉からはい出したり、強い歯とあごで捕虫葉を食い破って出てきてしまうことを何度か観察している。また、獲物が大きすぎて、捕虫葉からはみ出ている場合、はみ出た場所から消化酵素と塩酸が漏れでて、捕虫葉下部のクチン化が十分されていない弱い表面が犯されて、枯れてしまうこともしばしば見られる。
　ダーウィン（1875）は、著書『食虫植物』の中で、モウセンゴケの捕虫葉に、アルカロイドのストリキニンやキニン（キニーネ）からクロロフォルムに至るまで、20種類以上の毒物を投与してどうなるかという実験に1章を使っている。ある物質には腺毛を動かして反応をするが、経時的に白変して枯死した。獲物がガラス片や小石ではそのまま転がり落ちるのを時間をかけて待てばよいが、化学物質であれば、粘液に溶け込んで、腺細胞群から吸収されるであろうから、いったん粘液にくっついてしまったら、成分によっては枯死するより道はない。もし、食虫植物が猛毒をもった小動物を捕獲した場合、捕虫の速度には変化がないにしても、消化吸収の面で、問題を起こし、場合によっては枯死に至る可能性はある。

質問2 カリウムイオンがセンサー細胞の反応に関与するといわれているが、カルシウムイオンとの関与も含めてその仕組みはどのように考えられるのか。

解答2
　感覚細胞の中の小胞体に存在するカルシウムとカリウムのうち、カリウムイオンが活動電位の起動に役立ち、カルシウムイオンは活動電位を通し、閉合運動を起こす役割をするらしい。Iijima and Sibaoka（1982）は、ムジナモ捕虫葉の開閉運動の水の移動にカリウムイオンが働いていることを突きとめている。

第4章

走　性
クラミドモナスとミドリムシの走光性

1. はじめに

　微生物が何らかの刺激に対し、その行動を変化させて応答するとき、刺激の方向に無関係にランダムな運動をする場合と、刺激の方向に応じて一定の方向性を持って運動する場合がある[1]。いささか乱暴に動物の行動に例えれば、前者はヒトやイヌが嗅覚をたよりに目的物を探すやり方であり、後者は視覚でとらえた目標に向かって突進する行動であると言えるかもしれない。
　前者の場合、瞬間瞬間では刺激の方向と応答の方向に直接の係わりはみられないが、一見してランダムな動きも一定時間の平均をとれば好きな化学物質や好きな光環境に向かう傾向となってあらわれる。結果として嫌いな環境よりも好きな環境にトータルとして向かうことになる。例えばヒトがガスの匂いを嗅ぎ回りながら、その発生源をつきとめようとする様子を思い浮かべれば分かりやすいだろう。前者の代表例であるバクテリアの走化性は生化学の教科書でもとりあげられている程、研究の進んだ好例である[2]。バクテリオロドプシンなどの細菌型ロドプシン類を持つ好塩菌が示す広義の走光性も、走化性と同じ機構を通じて行われる仕組みになっている[3][4]。
　これに対して藻類などの運動性細胞では、光の方向を見分け、ときには光源の方向へ向かってまっすぐに、逆の場合には光源と反対方向の暗がりに向けてまっすぐに泳ぐ性質が見られることがある。これを狭義の走光性 (Phototaxis) と呼ぶ。冒頭の乱暴な例えを再び使うならば、微生物も目を持つという表現も可能かもしれない。こうした現象に科学者たちが100年以上も前から興味を引きつけられてきたことは当然といえよう。ここで取り上げるクラミドモナスとミドリムシは、両者とも微生物の走光性研究の歴史を語るには欠かすことのできないと言えるほどの大物、すなわち狭義の走光性を示す微生物の代表格である。しかも最近になって、長年追い求められてきた光を感じる分子の実体が、両者とも明らかにされたようにみえる。走光性の仕組みすべてが解き明かされるにはさらに時間が必要だろうが、ここではそれら光センサーの話題にやや焦点を絞り、その面白みを伝えようと試みる。運動反応を引き起こ

すことではセンサーに劣らず重要な役割をはたす、運動をつかさどる分子については、別によい総説があるので参照されたい[5]。

2. クラミドモナスの光運動反応[6]

クラミドモナスの和名はコナミドリムシである。その名のようにミドリムシ（ミドリムシ植物門；長さ50～80 μm）に比べて小さく、球形をして頭部に2本の鞭毛を持っている。クラミドモナス（直径およそ10 μm）は単細胞の緑藻（緑藻植物門）で、藻類の中では比較的陸上植物に近いとされる。クラミドモナスと極く近縁の仲間に、群体をつくるので有名なボルボックスがある。

(1) 走光性の仕組み

光の方向または光源と反対の方向に細胞が一直線に進む狭義の走光性では、舵取り反応が必須である。この舵取り反応は便宜的には、

①細胞の進む方向に垂直に光を受けた場合、細胞は光の方向（あるいは逆方向）に向きを変える。

②光軸と細胞の進む方向がずれた場合に小刻みに修正して軸が一致するように調整する。

の2種類に分けて考えられる。高速度顕微撮影で鞭毛の動きを解析する方法を含めた最近までの観察結果では、これら2種類の舵取りは同じメカニズムで行われることが示唆されている[7,8]。

光を感じる際には、光の強さばかりでなく、大雑把でも光の方向がつかめることが重要である。光を効果的に遮蔽する眼点（図1）は、このために存在すると考えられている。眼点は、その大きさにも関わらず、光学顕微鏡ではっきりと見ることのできる色づいた器官で、光の干渉を利用した反射板の機能を持つ[9]。眼点は泳ぐ方向と垂直な赤道面上（やや後ろ側）に存在し、光センサーは眼点の外側の細胞膜に局在すると推測される[10]。このため泳ぎの方向と垂直に入射した光が眼点にまっすぐに当たる場合、センサー分子は直接の入射光に加えて眼点からの反射光を受けることになる。これに対し眼点の裏側から入射

した光は、クラミドモナスの大きな葉緑体による光吸収と反射板としてはたらく眼点のために、センサーに達するまでに大きく減衰する。簡単に言えば眼点と葉緑体は、影をつくる役割をはたしている。細胞は回転しながら進むので、細胞の進行方向と光の去来する方向が異なれば、光センサーに達する光の量は細胞の進行すなわち回転に伴って変化することになる[9]。

クラミドモナスは細胞の前端に存在する2本の鞭毛を鞭のようにしならせて、平泳ぎのように進む。細胞の回転を伴うので眼点の軌跡はらせん型となる。2本の鞭毛のうち眼点に近い側の鞭毛と遠い側の鞭毛では、鞭毛の打ち方に対するカルシウムイオン濃度の影響が異なることが、細胞膜のイオン透過性を人工的に高めた細胞を用いた実験により示されている[11]。細胞が向きを変える"舵取り反応"は、このように2本の鞭毛の動きの違いを生じるような細胞内カルシウムイオン濃度の変動が、何らかの機構で引き起こされて生じる結果と解釈することができる。その機構がはたらく原因として、光センサーまで達する光量が、細胞の回転に伴って変化することを考えることは自然なことだろう。つまり走光性は、"センサー分子が光で活性化される程度"の時間的な変化に対する（小さな）応答の積み重ねと考えることができる。

(2) 光受容体

光を感じるセンサーは光受容体とも呼ばれる。動物の眼の網膜にもっとも多量に存在する光受容体はロドプシンと呼ばれるタンパク質である。一般にタンパク質は可視光を吸収しないので、ロドプシンは可視光を感じるための発色団として、レチナールと呼ばれる低分子を共有結合している。レチナールはビタミンAの誘導体で、分子単独では可視光を吸収しない（極大吸収波長は380nmで、吸収のすそが短波長の可視光領域まで広がっているため、濃い溶液は黄色に色づいてみえる）。ところが、ロドプシンに共有結合すると500nmに極大吸収波長を持つようになる。さらに網膜には他に3種類の極大吸収波長の異なるロドプシンの仲間もあるので我々は色を見分けることができるが、それら色覚色素タンパク質の量はロドプシンに比べて少ない。暗がりで色を見分けることができないのは、この理由による。

ロドプシンの仲間が、同じレチナールを発色団としながら吸収波長を自由に変えられること自体、たいへん面白いことだが、70年代の初めには、干からびた塩湖などに生息する好塩菌もレチナールを発色団とするタンパク質を持つことが分かり話題になった。バクテリオロドプシンと呼ばれるこのタンパク質は機能こそ光センサーとは異なるが、その立体構造が動物のロドプシンと良く似たものであることは最近進んだX線解析の結果からも証明されている[12]。ただし、好塩菌に存在する他の3

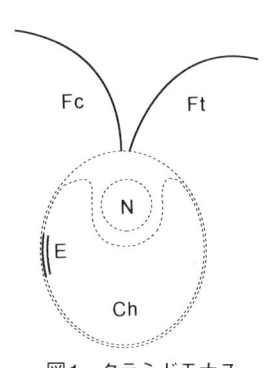

図1 クラミドモナス
(文献より改変)
FcおよびFt,鞭毛; N, 核;
E, 眼点; Ch, 葉緑体

種類のロドプシン様タンパク質も含め、動物のロドプシンとのタンパクのアミノ酸配列上の相同性はほとんどない。したがってバクテリオロドプシンと動物のロドプシンが進化のうえで繋がりがあるのかどうかはまったく分からない。バクテリオロドプシンの発見でこの分野の研究が活性化されると、鳥類の松果体にもロドプシン様光センサーが存在するらしいこと、長年研究が続けられてきたクラミドモナスの走光性受容体の発色団もレチナールであるらしいことなどが相次いで報告された[13]、[14]。

80年代の終りごろになると、バクテリア (好塩菌) のロドプシン類を主な対象としてきた研究グループが相次いでクラミドモナスの研究に加わり、次のような事実が新しく判明した。

①クラミドモナスの走光性受容体の発色団レチナールの立体配置とコンフォーメーションは、好塩菌のロドプシン類と同じオールトランス型である。

②バクテリアのロドプシン類と同じく13-シス型への光異性化が生理機能の引きがねとなる。

動物のロドプシン類では、11-シス型のレチナールが光でオールトランス型に異性化し、その後の情報伝達の引きがねになることは良く知られている。このため上の事実からは、クラミドモナスの走光性受容体のタンパク質部分(一般にロドプシン類から発色団を外したタンパク部分をオプシンと呼ぶ)の

アミノ酸配列は動物のものより好塩菌のオプシン類に似たものであろうことが推測できる。

(3) クラミロドプシンとカルシウムチャネル

1995年にドイツのヘーゲマン（Hegemann）らのグループはクラミドモナスの細胞標品の眼点部分を含む膜分画から、放射性同位元素でラベルしたレチナールを結合するタンパク質を取り出し、そのアミノ酸配列をDNA塩基配列から決定してクラミロドプシンと名付けた[15]。しかし、クラミロドプシンのアミノ酸配列にはこれまでのどのロドプシン類にも類似した特徴がなく、好塩菌、動物双方のロドプシンに特徴的な細胞膜を貫通する疎水性の領域も判定しがたいものであった。レチナールを結合すること、分子量がこれまでの好塩菌のロドプシン類に近いこと等を除けば、わずかに間接蛍光抗体法で眼点付近への局在が示せることだけが、走光性受容体と関連するものであることを示唆していた。

このときまでにヘーゲマンらのグループは、クラミドモナスに光を当てると、眼点付近の細胞膜から溶液中のカルシウムイオンが細胞内へ流入することを電気生理学的方法で明らかにしていた[16]。クラミドモナスの走光性受容体が光で活性化されるカルシウムイオンチャネルであると仮定すると、前に述べた機構により走光性の仕組みの大筋がほとんど説明できる。このためクラミロドプシンが走光性受容体であるとする主張は、一部のロドプシン研究者を除いて、だいたい好意的に受け入れられた。これまでのロドプシン類よりも遥かに多い親水性のアミノ酸残基も、クラミロドプシンがチャネルタンパク質であることを示す特徴として説明されれば、もっともらしく感じられるものである。ただし、レチナールを生合成できない変異株を用いて分子構造の異なるレチナール類似体（アナログ）を取りこませ、行動を測定する実験を行うと、好塩菌のロドプシン類に特徴的な発色団分子の立体構造がクラミドモナスの走光性受容体にも共通していることが強く示唆された[17]。

(4) ESTプロジェクト

Expressed Sequence Tag Project略してESTプロジェクトとは、細胞が発現しているメッセンジャーRNAをすべて取り出してcDNAを合成させ、その端の数百塩基対の塩基配列を読みとってタンパク質と遺伝子の関係を結ぶ標識(タグ)とし、その膨大なカタログ作りをしようという、全ゲノムDNA解析に次ぐ大規模な計画である。日本ではかずさDNA研究所が中心となり、またアメリカではDuke大学のグループが独立に、クラミドモナスのESTプロジェクトを開始した。最初にかずさDNA研究所のデータベースが公開されたのは2000年3月のことである (http://www.kazusa.or.jp/en/plant/chlamy/EST)。好塩菌のロドプシンと似た塩基配列を細々とPCR法で探していた筆者らグループだが、早速そのデータベースでロドプシン類似配列を探すと、好塩菌のロドプシンに良く似た部分配列が登録されていることが分かり、クローンの提供をうけて全mRNAの塩基配列を決定することとなった。

(5) 新しいクラミドモナスロドプシンの特徴

タンパク質に翻訳される部分の全塩基配列を決定してみて驚いたのは、そのタンパク質の大きさである (図2)。バクテリオロドプシンと共通する特徴を持つ約250アミノ酸残基以外に、C末側に400残基も機能不明の領域が連なっていた。これほど大きなロドプシン様タンパク質は筆者の知る限りでは、動物、バクテリア、さらに最近発見された菌類 (カビの仲間) の好塩菌型ロドプシンを通じて例を見ない。抗体を作ってクラミドモナスの細胞破砕物のうち眼点を含む膜画分をウェスタンブロット法で染

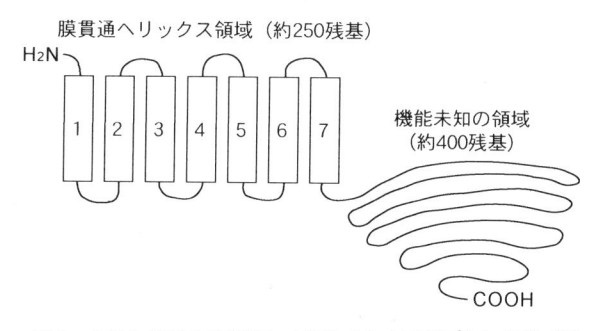

図2 クラミドモナスに新しく発見されたロドプシンの模式図

1～7の番号を付けたヘリックスはバクテリオロドプシンのA～Gヘリックスに良く対応している。

めてみると、たしかにこの大きさのタンパク質がよく染まる。この大きさで発現していることは確実なようである。また、この抗体を用いて間接蛍光抗体法で細胞全体を染めると眼点の領域が特に良く染まることは、クラミロドプシンと同じく眼点付近に局在することを強く示唆している[18]。

　新しく発見された好塩菌型クラミドモナスロドプシンは2種類存在し、それらの間での相同性はきわめて高い。また、2つ目の特徴としては、N末から数えて2番目の膜貫通ヘリックスに親水性の残基が多いこともあげられる。これも、これまでのロドプシン類では見られることのなかった特徴である。筆者らのグループの決定した塩基配列は昨年の3月にDDBJに登録され、10月に一旦公開されたが（GenBank, accession numbers AB058890, AB058891）、ヘーゲマンらのグループも遅れることわずか3ヶ月で同じ塩基配列を国際データベースに登録している（GenBank, AF385748）。

(6) 現在までの推論と今後の発展

　好塩菌はふつうのバクテリア（eubacteria）とは系統発生上大きく隔てられた古細菌（aechaea）界に属する。好塩菌型のロドプシンが、海洋に棲むふつうのバクテリアにも存在することが最近のScience紙上に報告された[19]。興味深いことに、クラミドモナスの新しいロドプシンのアミノ酸配列から系統進化を調べると、海洋細菌のものと同様、センサー機能を持つ好塩菌のロドプシン類と光駆動ポンプ機能を持つ好塩菌のロドプシン類との中間から分岐し、同じ真核生物であるカビ類のロドプシン類とは大きく隔たることが示唆された[20]。

　生きた細胞を用いた発色団アナログによる受容体の再構成実験からは、クラミドモナスの走光性受容体は、好塩菌のロドプシンにたいへん良く似たものであることが強く示唆され[12, 21～23]、しかも新しく発見された好塩菌型ロドプシンは、クラミドモナスの眼点付近に局在する。これらを総合すれば、走光性の受容体が新しいロドプシンであることは疑いのない事実であるように思える。また、新しく見つけられたロドプシン類の分子量がこれまでになく大きいことも、眼点付近の細胞膜に電子顕微鏡によるフリーズフラクチャー法で確認できる大きな構造物が存在することと符合する[6]。新しいロドプシンが真の受

容体であるか否かは、後述するRNAiなどの方法で比較的簡単に調べられよう。

さらに興味を惹くのは、これまでのロドプシン類に見られない親水性残基を多く含むヘリックスの生理的意味である。ヘーゲマンらのクラミロドプシンが真の走光性受容体でなかったことは、彼ら自身も認めているが[24]、カルシウムイオンチャネルを構成するタンパク質であるという仮説は今も生き続けている。ただし、新しいロドプシンのアミノ酸配列の中には、これまでのどのイオンチャネルタンパク質とも相同性を持つ部分はみられない。もし新しく発見されたロドプシン様タンパク質がクラミドモナスの走光性の受容体で、特徴的な親水性の残基がイオンチャネルの機能の一部を担っているのであれば、これまでのイオンチャネルとはまったく異なる光で活性化されるイオンチャネルの全貌がこれからの実験で明らかにされることになろう。これら新しいロドプシン様膜タンパク質を他の実験系で発現させて生理機能を調べることは、その前に越さねばならない第一のハードルと言えるかもしれない。

3. ミドリムシの光運動反応

ミドリムシ（図3）は、ユーグレナとも呼ばれ、鞭毛を動かして水中を泳ぎ回り、また、植物と同じようにクロロフィルaとbを含む緑色の葉緑体によって光合成をしている単細胞真核微生物である。このことから、動物と植物の中間的な生物であるとして、また、光に向かって集まってくる、いわゆる「走光性」を示す生物として小・中学校の教科書によく紹介されている。大腸菌や乳酸菌、さらには酵母や青カビ等に次いで有名な、「国民的美（？）生物」とも言えよう[25]、[28]。

ミドリムシの食糧化を目指した生化学的研

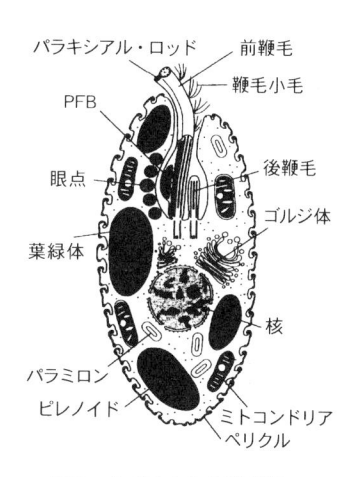

図3 ミドリムシの模式図

（文献28より改編）

究で有名な北岡正三郎先生によると、ミドリムシを初めて観察し記載したのは顕微鏡の発明者のA. レーベンフックで、また、学名のユーグレナ（*Euglena*）は、eu（美しい）、glena（眼）を意味し、緑色の細胞の前端近くに、美しいオレンジ色の小さな点、眼点（図3）を持つことによるらしい[29]。

では、ミドリムシはこの眼点で光を感じて明るい所へ集まってくるのであろうか？このような、光感覚と運動制御の仕組み、とりわけ、光センサーの実体については、100年以上の研究が積み重ねられて来たが、明確な答えは得られなかった[30]～[32]。つい最近、筆者らは、幸いにもこの長年の謎に関して、決定的な答えを得ることに成功したので[33]、以下に順を追って紹介したい。

(1) 光驚動反応

ミドリムシは光の方向を検知してその方向に向かったり（正の走光性）、あるいは逃げたり（負の走光性）するほか、光の方向とは無関係に周囲の光の強さが急に変化した時に運動方向を転換する明確な光応答を示す。この現象は光驚動反応と呼ばれ、光が急に強くなった時に方向転換する場合をステップアップ型光驚動反応、逆に光が急に弱くなった時に方向転換する場合をステップダウン型光驚動反応と呼んでいる。個々のミドリムシがステップアップ型の反応を示すかステップダウン型の反応を示すかは、培養条件や光強度によって変化する。例えば、光合成に好適な条件下でまっすぐに泳いでいるミドリムシが暗い所へ入り込んでしまうと、周囲の光が弱くなったことを感じてステップダウン型光驚動反応を起こし、方向転換してしまう。これを繰り返すことにより、ミドリムシは明るい所に留まったままとなる（光集合）。一方、光が強すぎる環境に泳ぎ込んでしまったミドリムシは、ステップアップ型光驚動反応を示して元へ戻ってしまい、強い光を避けることになる（光逃避）。

(2) 作用スペクトル

さて、ではミドリムシの光驚動反応のセンサーすなわち光受容分子は何であろうか。光刺激によって引き起こされる生物現象は、生体内に存在する光受容分子による光の吸収に依存するので、その生物現象の波長感受性は光受容分

子の吸収特性を反映するはずである。ある生物現象を引き起こすのに必要な光量子数の逆数を波長に対してプロットして得られる曲線は作用スペクトルと呼ばれ、注意深く測定された作用スペクトルは光受容分子の吸収スペクトルによく一致する。ミドリムシの光驚動反応の作用スペクトルは過去にいくつか測定されているが、個々の細胞が光驚動反応を起こした結果として引き起こされる光集合や光逃避を測定し

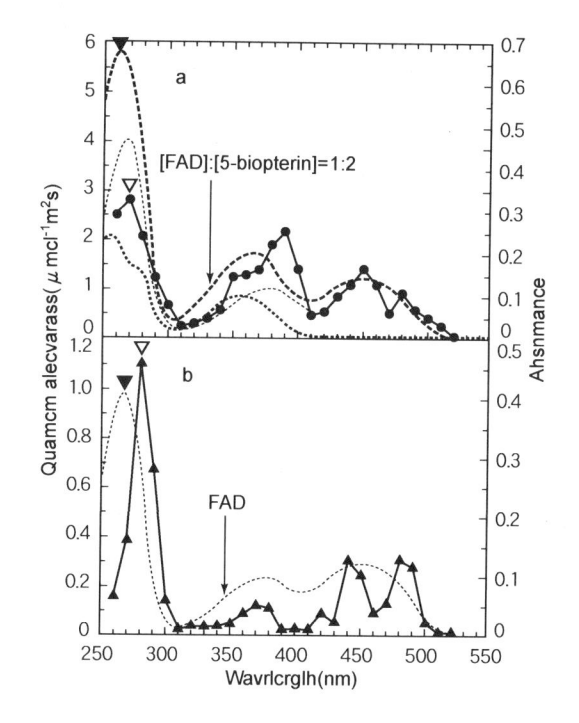

図4 ミドリムシの光驚動反応の作用スペクトル
文献(3)より改変

たものが多かった[34),35)]。もちろんこれらも有用な情報を提供してくれるが、集団での動きを観察しているために、細胞そのものによる遮へいや散乱の効果も含まれるので、果たして真に光受容分子の吸収を反映したものであるかどうかについては疑問も残る。

そこで筆者らのグループは、基礎生物学研究所の大型スペクトログラフを利用して個々の細胞の運動に注目した作用スペクトルの決定を行った[36)]。測定には暗視野赤外線照明および赤外線カメラを備えた顕微鏡と自作の運動解析ソフトウェアを用い、刺激光照射前後の個々の細胞の運動変化を追跡して光驚動反応の強さを数値として表した。これを各波長で刺激光強度を変えて測定し、250 nm～550nmの広い範囲にわたる精密な作用スペクトルを決定することに成功した。こうして得られた作用スペクトルは、ステップアップ型もステップダウン型も紫外光領域（290nm付近および380nm付近）と青色光領域（450nm

付近)に顕著なピークを持っており、その概形はフラビンの吸収スペクトルとよく似たものであった(図4)。ステップアップ型とステップダウン型の大きな違いは紫外A領域(380nm付近)にあり、ステップダウン型ではこの領域のピークが顕著に高くなっていた。このことから、ステップダウン型の反応には紫外A領域に吸収を持つ別の色素(例えばプテリン)も関わっているらしいことが示唆された。

(3) 青色光受容分子

ミドリムシの光驚動反応にみられるような、紫外〜青色光が有効な生物現象は他にも知られ、植物の光屈性や葉緑体運動、菌類の子実体形成や色素合成、さらには昆虫の概日リズム等非常に多岐にわたっている。これらに関与する光受容分子は近年まで同定されておらず、光生物学上のきわめて重要な課題であった。1993年に米国のキャシュモア(Cashmore)らのグループは青色光による芽生えの成長抑制が異常なシロイヌナズナの突然変異体からクリプトクロムと呼ばれるフラビンタンパク質を同定し[37]、その後クリプトクロム類は植物や昆虫の概日リズムにも関与していることが知られるようになった[38]。これに少し遅れてブリッグス(Briggs)らのグループは、光屈性を示さないシロイヌナズナの突然変異株から別の青色光受容分子としてフォトトロピンを同定した[39]。その後フォトトロピン類は葉緑体運動や気孔の開閉にも寄与していることが明らかにされている[40) 41]。このように、近年の分子遺伝学的手法の発展により、青色光受容分子の正体が少しずつ明らかにされつつあるが、未解明の現象もまだ数多く存在する。多くの生物において青色光受容分子の同定が難しい理由の1つは、それらが生体内に微量しか存在せず、精製が困難なことである。一方、後述するように、ミドリムシでは光受容分子の細胞内局在が明らかにされていたことから、生化学的に光受容分子を同定できる可能性は以前から指摘されていた[42]。

(4) 光受容分子の局在

ミドリムシは鞭毛の突出する湾入部付近によく目立つオレンジ色の眼点を

持つ。この眼点はカロチノイドを含んだ顆粒の集まりで、クラミドモナスのそれとは異なり、光受容には直接関係ないと考えられている。では、実際に光を感じるのはどこかというと、眼点に近接して鞭毛の基部付近に膨らんだ部分（PFB: paraflagellar body）があり、これが真の光受容部位と考えられている[30)～32)]。PFB は蛍光顕微鏡で観察するとフラビンに特徴的な緑色の蛍光を発することから、ここにはフラビンが含まれていると考えられ、さらに、顕微分光法によりフラビン以外にプテリンも含まれているらしいことが示唆されてきた[43)]。また、電子顕微鏡観察により規則正しい繰り返し構造が見られることから、PFB はタンパク質の疑結晶構造から成っているとも考えられている[44)]。これらのことから、PFB を単離してそこに存在する色素タンパク質を精製すればミドリムシの光受容分子を同定できるだろうとする考えは多くの研究者が抱き、実際いくつかの試みがなされてきた。最初に PFB に含まれるタンパク質精製の試みに関して報告したのはドイツのヘーデル（Häder）らのグループで、彼らは細胞を高濃度の塩化カルシウム溶液中に入れ、低温下で撹拌することによって得られる鞭毛標品（これには PFB が付着していると考えられていた）からタンパク質を抽出し、PFB に特異的に存在すると考えられるフラビンタンパク質と 2 種類のプテリンタンパク質を同定したと報告している[45)]。

(5) PFB の単離とフラビンタンパク質の精製

筆者らのグループではまず彼らの実験結果を再現すべく、PFB の単離にとりかかったが、彼らの方法を正確に追試しても十分な量の PFB は得られなかった。そこで単離した鞭毛をよく観察してみると、基部は確かに膨らんでいるものの、蛍光顕微鏡で見ても緑色の蛍光はまったく見えないことに気づいた。そこで鞭毛の外れた細胞を観察してみると何のことはない、ほとんどの PFB はそのまま細胞に残っていたのである。

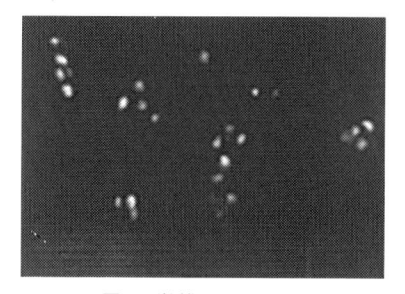

図5 単離された PFB

単離 PFB 試料を BV 励起の落射蛍光顕微鏡で観察した。白っぽく見える粒の1つ1つが PFB（実際には緑色）

従来、単離PFBは位相差顕微鏡で観察されることが多く、ドイツのグループは鞭毛切断面の修復によって生じた膨らみをPFBと見誤っていたのではないかという疑いも生じ始めた。

そこで筆者らはPFBの単離法の見直しから作業を進め、細胞破砕と密度勾配遠心法によるオーソドックスな分画法で地道に条件検討を繰り返すことにより、収率は低いものの比較的純度のよいPFB標品を得ることに成功した（図5）。こうして得られたPFB標品を界面活性剤を含む緩衝液に溶解し、イオン交換クロマトグラフィーとゲルろ過クロマトグラフィーでタンパク質を精製してフラビンに特徴的な蛍光スペクトルを示す400kDa相当のピークを確認した。この400kDa相当の画分の蛍光は、非変性状態では弱いが、加熱変性させると顕著にその強度が上昇した。このことはフラビンが非共有結合的にアポタンパク質に結合しており、通常は周囲のアミノ酸残基によって消光されていることを示している。さらに、熱変性させた画分のpHを3付近まで下げると、蛍光強度は数倍に増大した。このような蛍光強度のpH依存性は、生体内に存在する主要な3種類のフラビンすなわちリボフラビン、FMN、FADのうちではFADに特徴的なものであり、このタンパク質に結合しているフラビンはFADである可能性が高いことが示唆された。

（6）アミノ酸配列の推定

次に、アポタンパク質の解析を進めるため、400kDa相当の画分をSDSポリアクリルアミドゲル電気泳動で分離すると、105kDaと90kDaの2本のバンドにわかれた。このことから、得られたフラビンタンパク質はこれら2種類のサブユニットから成るヘテロ四量体である可能性が示唆された。さらに、常法にしたがってこれらのサブユニットのN末端側の部分アミノ酸配列を決定し、その配列に基づいて設計した縮重プライマーを用いてPCRを行い、各サブユニットをコードするcDNAの部分塩基配列を同定した。さらにRACE法によって5'側

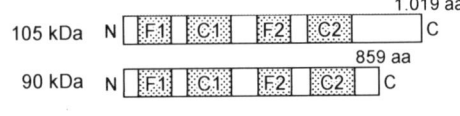

105 kDa N [F1] [C1] [F2] [C2] C 1,019 aa
90 kDa   N [F1] [C1] [F2] [C2] C 859 aa

図6　各サブユニットの構造模式図

末端と3'側末端まで延長し、各cDNA全長の塩基配列をPCR産物のダイレクトシークエンシングによって決定した。こうして塩基配列から推定された各サブユニットのアミノ酸配列は互いによく似ており、遺伝子データベースの検索を行うと、各サブユニットに2種類ずつの特徴ある配列がそれぞれ2箇所ずつ交互に並んだ興味深い構造であることが分かった（図6）。F1, F2として示した領域は、光合成細菌 *Rhodobacter* のタンパク質AppAのN末端領域と約30％の相同性がある。AppAは *Rhodobacter* が嫌気条件に置かれて光合成装置を形成する際の活性化因子としてはたらくタンパク質として記載されたもので、その機能はまだ明らかでない[46]。最近になって、AppAのN末端約120アミノ酸の領域およびそれと相同性のある大腸菌ゲノムの機能未知ORF（F403）由来のタンパク質にはFADが1分子結合することが示されている[47]。AppAとF403の間で保存されているアミノ酸は、105kDaサブユニットおよび90kDaサブユニットのF_1, F_2領域でもよく保存されており、このこともミドリムシの400kDaフラビンタンパク質にはFADが結合していることを支持している。

　一方、C1、C2として示した領域は、アデニル酸シクラーゼの触媒領域に類似していた。アデニル酸シクラーゼは、多くの生物の細胞内情報伝達系においてセカンドメッセンジャーとして機能するサイクリックAMP（cAMP）を産生する酵素である。鞭毛運動の制御においてもcAMPは重要な役割を果たしていることはよく知られており、もしも筆者らが得たフラビンタンパク質が本当にアデニル酸シクラーゼであるならば、ミドリムシの驚動反応のメカニズムそのものの解明にも大きく寄与することになる。

(7) 光活性化アデニル酸シクラーゼ

　そこで、ミドリムシのPFBから精製したフラビンタンパク質のアデニル酸シクラーゼ活性の測定を試みたところ、確かにATPからcAMPを生成する活性が認められた。しかも驚いたことに、青色光照射下で測定した場合にはその活性が数十倍にも上昇したのである。つまり、このタンパク質は、青色光で活性化されるアデニル酸シクラーゼということになる。このような、自身が光受容分子として機能するアデニル酸シクラーゼは従来まったく知られておらず、き

わめてユニークな分子と言ってよい。筆者らはこれを光活性化アデニル酸シクラーゼ（PAC: Photoactivated Adenylyl Cyclase）と名づけ、構成要素である105 kDaと90kDaのサブユニットをそれぞれPAC α、PAC βと呼ぶことにした。多くの場合アデニル酸シクラーゼは受容体からの信号をGタンパク質を介して受け取り、その活性が制御されるが、PACはそれ自身が受容体でもあることから、すばやい信号伝達が可能であると推測され、ミドリムシの光驚動反応のような速い反応を媒介するのに好適な分子であると考えられる。

(8) 生体内におけるPACの役割

では、PACは実際にミドリムシの細胞内で本当に光受容分子として機能しているのだろうか？　分子遺伝学の技術が進歩した今日では特定の遺伝子を破壊するのはたやすいように思われるが、実際に遺伝子破壊の技術が確立しているのは限られた生物に過ぎず、ミドリムシでもまったく成功例がない。しかも具合の悪いことに、ミドリムシではそもそも有性生殖が知られておらず、遺伝的な解析はほとんど不可能と言ってよい。筆者らはこのような状況下で試行錯誤を繰り返してきたが、ごく最近になって、RNAi[48), 49)]の手法を適用することにより、ミドリムシでのPACの機能解析に成功した。

PACaとPACbをコードする二本鎖RNAを合成し、エレクトロポレーションによってミドリムシに導入したところ、それらの細胞は正常に分裂増殖したが、驚くべきことにほとんどの細胞においてPFBが消失していた。この形質は数回の植え継ぎを経ても継続し、1ヶ月近く維持された。これらの細胞からRNAを抽出し、ノーザンハイブリダイゼーションを行うと、PACaとPACbのmRNAのシグナルは検出することができず、これらのmRNAが特異的に分解されてしまっていることが分かった。すなわち、PFB消失はRNAiの効果によるものと判断できる。さらに、これらの細胞の青色光に対する光驚動反応を調べると、ステップダウン型反応は正常に起こったのに対して、ステップアップ型反応は光強度を強くしてもまったく起こらなかった。このことから、運動系そのものは正常なままで、ステップアップ型反応に関わる光受容系のみが傷害を受けたことが分かる。以上のことから、PACはPFBの形成に必須なタンパ

ク質であり、ステップアップ型光驚動反応の光受容分子として機能していると結論づけられよう。

　PACにより受容された光刺激が運動変化という最終応答へつながる道筋は未知であるが、PACの機能的特徴を考慮するとステップアップ型光驚動反応のメカニズムは図7のように考えることができる。すなわち、光によって活性化されたPACによりcAMPが生産され、鞭毛基部におけるcAMP濃度が上昇する。もしもミドリムシの鞭毛膜上にも動物の精子鞭毛と同様に環状ヌクレオチド依存性のカルシウムチャネルが存在するとすれば、cAMPはそれを直接開くことにより鞭毛内のカルシウムイオン濃度を上昇させる。カルシウムイオン濃度変化が鞭毛運動の調節に重要であることはよく知られた事実なので、これによって鞭毛運動が変化し運動方向の転換、すなわちステップアップ型光驚動反

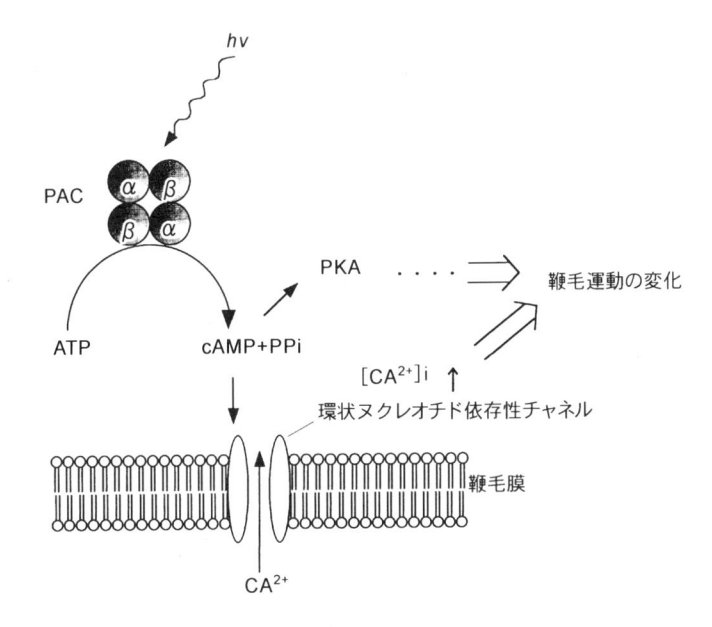

図7　ミドリムシのステップアップ型光驚動反応のしくみに関する作業仮説
青色光で励起されたPACはcAMPを合成し、鞭毛基部付近のcAMP濃度が上昇する。その結果鞭毛膜に存在するであろう環状ヌクレオチド依存性チャネルが開き、細胞外からカルシウムイオンが流入する。鞭毛基部付近のカルシウムイオン濃度が上昇することにより、局所的に鞭毛打の方向が変化し運動方向の転換が起こる。あるいは、cAMPはプロテインキナーゼ（PKA）を活性化することにより、鞭毛関連タンパク質のリン酸化を引き起こし、運動変化が起こる。

応が起こると考えられる。あるいは、最近cAMP依存性プロテインキナーゼが ミドリムシにも存在することが報告されているので[50]、これを活性化することにより鞭毛関連タンパク質のリン酸化を介して運動調節が行われているのかもしれない。もちろんこれらは作業仮説の段階で、ステップダウン型反応の光受容分子は何かという問題とともに今後の大きな検討課題である。

文献

1) 柳田友道 (1980)『微生物科学1、分類・代謝・細胞生理』pp.476-485 学会出版センター。
2) ストライヤー・L. (1996)『生化学』(入村達夫他訳) 東京化学同人。
3) 高橋哲郎 (1999) 視物質をもつ微生物の光行動、日本光生物学協会編『生物の光環境センサー』pp. 105-120 共立出版。
4) 片岡博尚 (2001) 光走性と光屈性、寺島一郎編『朝倉植物生理学講座5 環境応答』pp. 17-39 朝倉書店。
5) 神谷律 (1999) 鞭毛・繊毛ダイニンによる波うち運動の発生「実験医学、17」、462-467。
6) 高橋哲郎 (1999) クラミドモナスの光受容体と行動制御、蓮沼、木村、徳永共編『光シグナルトランスダクション』pp. 10-15 シュプリンガー・フェアラーク東京。
7) Rüfer, U. and Nultsch, W. (1990) Flagellar photoresponses of *Chlamydomonas* cells held on micropipettes: I. Change in flagellar beat frequency. Cell Motility and the Cytoskeleton 15, 162-167.
8) Rüfer, U. and Nultsch, W. (1991) Flagellar photoresponses of *Chlamydomonas* cells held on micropipettes: II. Change in flagellar beat pattern. Cell Motility and the Cytoskeleton 18, 269-278.
9) Foster, K. W. and Smyth, R. D. (1980) Light antennas in phototactic algae. Microbiological Reviews 44, 572-630.
10) Melkonian M. and Robenek, H. (1984) The eyespot apparatus of flagellated green algae: a critical review, In: Round (eds) Progress in Phycological Reseach, Biopress, Bristol, pp193-268.
11) Kamiya R. and Witman, G. B. (1984) Submicromolar levels of calcium control the balance of beating between the two flagella in demembranated models of *Chlamydomonas*. Journal of Cell Biology 98, 97-107.
12) Palczewski, K., Kumasaka, T., Hori, T., Behnke, CA., Motoshima, H., Fox, B.A., Le Trong, I., Teller, D.C., Okada, T., Stenkamp, R.E., Yamamoto. M. and Miyano, M. (2000) Crystal structure of rhodopsin: A G protein-coupled receptor. Science. 289, 739-45.
13) Deguchi, T. (1981) Rhodopsin-like photosensitivity of isolated chicken pineal gland. Nature, 290, 706-707.

14) Foster, K. W., Saranak, J., Derguini, F., Rao, J., Zarrilli, G. R., Johnson, R., Okabe, M., Fang, J. -M., Shimizu, N. and Nakanishi, K. (1984) A rhodopsin is the functional photoreceptor for phototaxis in the unicellular eukaryote *Chlamydomonas*. Nature 311, 756-759.
15) Deininger. W., Kröger, P., Hegemann, U., Lottspeich, F. and Hegemann, P. (1995). Chlamyrhodopsin represents a new type of sensory photoreceptor. EMBO Journal 14, 5849-5858.
16) Herz, H. and Hegemann, P. (1991) Rhodopsin-regulated calcium currents in *Chlamydomonas*. Nature 351, 489-491.
17) Sakamoto, M., Wada, A., Akai, A., Ito, M., Goshima, T. and Takahashi, T. (1998) Evidence for the archaebacterial-type conformation about the bond between the β-ionone ring and the polyene chain of the chromophore retinal in chlamyopsin. FEBS Letters 434, 335-338.
18) 中村省吾ら（未発表）.
19) Béjà, O. *et al.* (2000) Bacterial rhodopsin: Evidence for a new type of phototrophy in the sea. Science 289, 1902-1906.
20) 藤ら（未発表）.
21) Takahashi, T., Yoshihara, K., Watanabe, M., Kubota, M., Johnson, R., Derguini, F. and Nakanishi, K. (1991) Photoisomerization of retinal at 13-ene is important for phototaxis of *Chlamydomonas reinhardtii*: simultaneous measurements of phototaxtic and photophobic responses, Biochemical and Biophysical Research Communications 178, 1273-1279.
22) Hegemann, P., Gärtner, W. and Uhl, R. (1991) All-trans retinal constitutes the functional chromophore in *Chlamydomonas* rhodopsin, Biophysical Journal 60: 1477-1489.
23) Lawson, M. A., Zacks, D. N., Derguini, F., Nakanishi, K. and Spudich, J. L. (1991) Retinal analog restoration of photophobic responses in a blind *Chlamydomonas reinhardtii* mutant. Biophysical Journal 60, 1490-1498.
24) Furmann, M., Stahlberg, A., Govorunova, E., Rank, S. and Hegemann, P. (2001) The abundant retinal protein of the *Chlamydomonas* eye is not the photoreceptor for phototaxis and photophobic response. J. Cell Science 114, 3857-3863.
25) 加藤季夫（1996）ミドリムシ藻類、『植物の世界 139』、12-220 朝日新聞社。
26) 千原光雄（1999）藻類の多様性と分類体系、千原光雄編『藻類の多様性と系統』pp.2-28 裳華房。
27) 中山 剛（1999）分子系統学からみた多様性、千原光雄編『藻類の多様性と系統』pp.30-49 裳華房。
28) 井上 勲（1999）ユーグレナ植物門、千原光雄編『藻類の多様性と系統』pp.251-253 裳華房。
29) 北岡正三郎（1989）序章、北岡正三郎編『ユーグレナ　生理と生化学』pp. 1-21 学会出版センター。
30) 渡辺正勝（1991）個体の運動反応、新免輝男編『現代植物生理学4　環境応答』pp. 35-50 朝倉書店。
31) 川井浩史（1999）藻類の光運動反応、千原光雄編『藻類の多様性と系統』pp.127-135

裳華房。
32) Lebert, M. (2001) Phototaxis of *Euglena gracilis* - flavins and pterins. in Comprehensive Series in Photosciences 1: Photomovement. (eds. Häder, D.-P. & Jori, G.) 297-341 (Elsevier, Amsterdam, London, New York, Oxford, Paris, Shannon, Tokyo).
33) Iseki, M., Matsunaga, S., Murakami, A., Ohno, K., Shiga, K., Yoshida, K., Sugai, M., Takahashi, T., Hori, T. and Watanabe, M. (2002) A blue-light activated adenylyl cyclase mediates photoavoidance in *Euglena gracilis*. Nature 415, 1047-1051
34) Diehn, B. (1969) Action spectra of the phototactic responses in Euglena. Biochim. Biophys. Acta 177, 136-143.
35) Checcucci, A., Colombetti, G., Ferrara, R. and Lenci, F. (1976) Action spectra for photoaccumulation of green and colorless *Euglena*: evidence for identification of receptor pigments. Photochem. Photobiol. 23, 51-54.
36) Matsunaga, S., Hori, T., Takahashi, T., Kubota, M., Watanabe, M., Okamoto, K., Masuda, K. and Sugai, M. (1998) Discovery of signaling effect of UV-B/C light in the extended UV-A/blue-type action spectra for step-down and step-up phototropic responses in the unicellular flagellate alga *Euglena gracilis*. Protoplasma 201, 45-52.
37) Ahmad, M. and Cashmore, A. R. (1993) HY4 gene of *A. thaliana* encodes a protein with characteristics of a blue-light photoreceptor. Nature 366, 162-166.
38) Cashmore, A. R., Jarillo, J. A., Wu, Y.-J. and Liu, D. (1999) Cryptochromes: blue light receptors for plants and animals. Science 284, 760-765.
39) Huala, E., Oeller, P. W., Liscum, E., Han, I. S., Larsen, E., Briggs, W. R. (1997) *Arabidopsis* NPH1: a protein kinase with a putative redox-sensing domain. Science 278, 2120-2123.
40) Kagawa T, Sakai T, Suetsugu N, Oikawa K, Ishiguro S, Kato T, Tabata S, Okada K and Wada M. (2001) *Arabidopsis* NPL1: a phototropin homolog controlling the chloroplast high-light avoidance response. Science. 291, 2138-2141.
41) Kinoshita, T., Doi, M., Suetsugu, N., Kagawa, T., Wada, M. and Shimazaki, K. (2001) phot1 and phot2 mediate blue light regulation of stomatal opening. Nature 414, 656-660.
42) Colombetti, G., Lenci, F. and Diehn, B. (1982) Responses to photic, chemical, and mechanical stimuli. In The Biology of *Euglena* III. Ed. by Buetow,D.E. Academic Press pp.169-195.
43) Galland, P., Keiner, P., Drnemann, D., Senger, H., Brodhun, B. and Häder, D. -P. (1990) Pterin- and flavin-like fluorescence associated with isolated flagella of *Euglena gracilis*. Photochem. Photobiol. 51, 675-680.
44) Kivic, P. A. and Vesk, M. (1972) Structure and function in the euglenoid eyespot apparatus: the fine structure, and response to environmental changes. Planta 105, 1-14.
45) Brodhun, B. and Häder, D.-P. (1990) Photoreceptor proteins and pigments in the paraflabellar body of the flagellate *Euglena gracilis*. Photochem. Photobiol. 52, 865-871.
46) Gomelsky, M. and Kaplan, S. (1995) appA, a novel gene encoding a trans-acting factor involved in the regulation of photosynthesis gene expression in *Rhodobacter sphaeroides* 2.4.1. J. Bacteriol. 177, 4609-4618.

47) Gomelsky, M. and Kaplan, S. (1998) AppA, a redox regulator of photosystem formation in *Rhodobacter sphaeroides* 2.4.1, is a flavoprotein. Identification of a novel FAD binding domain. J. Biol. Chem. 52, 35319-35325.
48) Fire, A., Xu, S., Montgomery, M. K., Kostas, S. A., Driver, S. E. and Mello, C. C. (1998) Potent and specific genetic interference by double-stranded RNA in *Caenorhabditis elegans*. Nature 391, 806-811.
49) Carthew, R. W. (2001) Gene silencing by double-stranded RNA. Curr. Opin. Cell Biol. 13, 244-248.
50) Kiriyama, H., Nanmori, T., Hari, K., Matsuoka, D., Fukami, Y., Kikkawa, U. and Yasuda, T. (1999) Identification of the catalytic subunit of cAMP-dependent protein kinase from the photosynthetic flagellate, *Euglena gracilis* Z. FEBS Letters 450, 95-100.

編著者紹介

山村　庄亮（やまむら　しょうすけ）

現住所　横浜市港北区新羽町622-1　クリオ新横浜北2-409

略歴
　昭和38年 3月　名古屋大学大学院理学研究科博士課程（化学専攻）修了（理学博士）
　　　39年 9月　米国マサチュセッツ工科大学（MIT）博士研究員
　　　41年 9月　名古屋大学理学部助手
　　　42年10月　名城大学薬学部助教授
　　　53年 4月　名城大学薬学部教授
　　　55年 4月　慶応義塾大学理工学部教授
　平成12年 4月　慶応義塾大学名誉教授

賞罰
　平成 4年 3月　日本化学会賞
　　　11年11月　福沢賞

専門分野
　天然物有機化学、生物有機化学

主な著書、総説
1. M. Ueda and S. Yamamura (2000) Chemistry and Biology of Plant Movements. Angew. Chem. Int. Ed. Engl., 39, 1400-1414.
2. S.Yamamura (1998) Electrochemically Assisted Synthesis of Bioactive Natural Products. New Challenges in Organic Electrochemistry (Ed. T. Osa), Gordon and Breach Science Publishers, Amsterdam, 167-181.

長谷川　宏司（はせがわ　こうじ）

現住所　つくば市天王台1-1-1　筑波大学・応用生物化学系
　　　E-mail: pgrowreg@agbi. tsukuba. ac. jp

略歴
　昭和47年 3月　東北大学大学院理学研究科博士課程（生物学専攻）修了（理学博士）
　　　50年 1月　鹿児島大学教養部講師
　　　51年 4月　鹿児島大学教養部助教授
　　　57年10月　オランダ王国ワーヘニンゲン大学主任研究員
　　　58年 4月　鹿児島大学教養部教授
　平成 2年 9月　オランダ王国ワーヘニンゲン大学客員教授
　　　 3年 4月　新技術事業団水谷植物情報物質プロジェクト　グループリーダー
　　　 5年 4月　筑波大学応用生物化学系教授

賞罰
　平成 7年10月　植物化学調節学会賞

専門分野
　植物生理学、植物機能生理化学

主な著書、総説
1. S. Yamamura and K Hasegawa (2001) Chemistry and Biology of Phototropism-regulating Substances in Higher Plants. The Chemical Record 1, 362-372.
2. J. Bruinsma and K. Hasegawa (1990) A New Theory of Phototropism - Its Regulation by a Light - induced Gradient of Auxin - inhibiting Substances. Physiol. Plant. 79, 700-704.

執筆者紹介（執筆順）

渡辺　仁（わたなべ　しのぶ）
　現　在　元高知大学・教授
　学　位　理学博士
　現住所　島根県能義郡伯太町安田関576-2

繁森　英幸（しげもり　ひでゆき）
　現　在　筑波大学・応用生物化学系・助教授
　学　位　理学博士
　現住所　つくば市天王台1-1-1　筑波大学応用生物化学系

山田　小須弥（やまだ　こすみ）
　現　在　筑波大学・応用生物化学系・助手
　学　位　理学博士
　現住所　つくば市天王台1-1-1　筑波大学応用生物化学系

中野　洋（なかの　ひろし）
　現　在　独立行政法人・農業技術研究機構・九州沖縄農業研究センター水田作研究部・栽培生理研究室・研究職員
　学　位　農学博士
　現住所　熊本県菊池郡西合志町大字須屋2421

長谷川　剛（はせがわ　つよし）
　現　在　大阪府立大学・大学院博士課程・理学系研究科・物質科学専攻・第5年次生
　学　位　理学博士（取得見込み）
　現住所　つくば市天王台1-1-1　筑波大学応用生物化学系

鈴木　隆（すずき　たかし）
　現　在　山形大学・教育学部・教授
　学　位　理学博士
　現住所　山形市小白川町1-4-12　山形大学教育学部

和田　アイ子（わだ　あいこ）
　現　在　元奈良女子大学・理学部・教授
　学　位　理学博士
　現住所　奈良県生駒市さつき台2丁目451-179

上田　実（うえだ　みのる）
　現　在　慶應義塾大学・理工学部・助教授
　学　位　農学博士
　現住所　横浜市港北区日吉3-14-1　慶應義塾大学理工学部

高田　晃（たかだ　のぼる）
　現　在　慶應義塾大学・理工学部・助手
　学　位　理学博士（取得見込み）
　現住所　横浜市港北区日吉3-14-1　慶應義塾大学理工学部

田中　修（たなか　おさむ）
　現　在　甲南大学・理学部・教授
　学　位　農学博士
　現住所　神戸市東灘区岡本8-9-1　甲南大学理学部

近藤　勝彦（こんどう　かつひこ）
　現　在　広島大学・大学院理学研究科・附属植物遺伝子保管実験施設・施設長・教授
　学　位　Doctor of Philosophy (PhD)
　現住所　東広島市鏡山1-4-3　広島大学大学院理学研究科附属植物遺伝子保管実験施設

伊関　峰生（いせき　みねお）
　現　在　岡崎国立共同研究機構・基礎生物学研究所・研究員
　学　位　理学博士
　現住所　岡崎市明大寺町西郷中38

高橋　哲郎（たかはし　てつお）
　　現　在　東邦大学・薬学部・教授
　　学　位　薬学博士
　　現住所　千葉県船橋市三山2-2-1

鈴木　武士（すずき　たけし）
　　現　在　北陸先端科学技術大学院大学・大学
　　　　　　院博士課程・材料科学研究科
　　学　位　修士（材料科学）
　　現住所　千葉県習志野市大久保3-10-5-103

渡辺　正勝（わたなべ　まさかつ）
　　現　在　岡崎国立共同研究機構・基礎生物学
　　　　　　研究所・助教授
　　学　位　理学博士
　　現住所　岡崎市明大寺町西郷中38

動く植物 ── その謎解き

2002年9月30日　初版第1刷発行

■編著者 ── 山村　庄亮／長谷川　宏司
■発行者 ── 佐藤　正男
■発行所 ── 株式会社 大学教育出版
　　　　　〒700-0951　岡山市西市855-4
　　　　　電話(086) 244-1268　FAX (086) 246-0294
■印刷所 ── 互恵印刷(株)
■製本所 ── 日宝綜合製本(株)
■装　丁 ── ティーボーンデザイン事務所

Ⓒ Shosuke Yamamura, Koji Hasegawa 2002, Printed in Japan
検印省略　　落丁・乱丁本はお取り替えいたします。
無断で本書の一部または全部を複写・複製することは禁じられています。

ISBN4-88730-488-9